Tin Fischer

LINKE DATEN, RECHTE DATEN

Warum wir nur das sehen, was wir sehen wollen

Hoffmann und Campe

Sollte diese Publikation Links auf die Webseiten Dritter enthalten, so übernehmen wir für deren Inhalte keine Haftung, da wir uns diese nicht zu eigen machen, sondern lediglich auf deren Stand zum Zeitpunkt der Redaktion im Dezember 2021 verweisen.

1. Auflage 2022

www.hoffmann-und-campe.de
Umschlaggestaltung: © finken & bumiller
Grafiken im Buch: Mario Mensch, Hamburg
Satz: Pinkuin Satz und Datentechnik
Gesetzt aus der Dante MT Std
Druck und Bindung: CPI books GmbH, Leck
Printed in Germany
ISBN 978-3-455-00964-4

HOFFMANN UND CAMPE

Ein Unternehmen der
GANSKE VERLAGSGRUPPE

»Ich habe meine Prinzipien.
Wenn Sie nicht damit einverstanden sind,
habe ich noch andere.«

GROUCHO MARX

Inhalt

TEIL 4 Grün

Nachwort

Anhang

EINLEITUNG

Von Elefanten und Kobras

Das berühmte Buch *Der kleine Prinz* beginnt mit einer Zeichnung, von der die großen Leute glauben, sie zeige einen Hut. Doch der Schein trügt. Der Hut ist in Wirklichkeit ein Elefant, der von einer Boa verschlungen wurde. Aber selbst die schlausten Menschen, heißt es, würden das nicht erkennen. Grund sei, dass die großen Leute nicht mit dem Herzen sehen. Das Wesentliche bleibe für ihre Augen unsichtbar.

Wir sehen in Bildern nur, was ihre Oberfläche zeigt – und nicht das, woraus sie geschaffen sind und was sie sonst noch zeigen könnten. Dummerweise gilt das auch für jene Bilder, mit deren Hilfe wir oft weitreichende Entscheidungen fällen: Diagramme.

Mein Lieblingsbeispiel dafür ist ebenfalls ein Elefant. 2012 publizierte die Weltbank den Bericht »Global Income Inequality by the Numbers: in History and Now«.[1] Verfasst hatte ihn der bekannte Ökonom für globale Ungleichheit Branko Milanović. Er war nicht lang, keine dreißig Seiten. Und womöglich wäre er schnell wieder vergessen gewesen ohne dieses Diagramm auf Seite 13: eine Kurve, die das Einkommenswachstum von Einkommensschichten weltweit beschreibt und die zeigt, wer im

Zuge der Globalisierung am meisten profitiert und am meisten verloren hat. Zufällig hatte sie die Form eines Elefanten (Abb. 1).

Links auf dem Diagramm befinden sich die ärmsten fünf Prozent der Weltbevölkerung (Punkt A), rechts das reichste Prozent (Punkt D). Je höher die Kurve, desto mehr haben die Gruppen beim Einkommen zwischen 1988 und 2008 zugelegt, also in der Zeit der forcierten Globalisierung und der Digitalisierung. Wir sehen: Profitiert haben vom freien Handel die weltweit Reichsten. Aber kräftig zugelegt haben auch die hinteren zwei Drittel der Weltbevölkerung. Genau in der Mitte etwa, mit einer Steigerung von bis zu 80 Prozent, sind die Mittelschichten in Ländern wie China oder Indien. Sie bilden die Schultern und Ohren des Elefanten (Punkt B). Am unte-

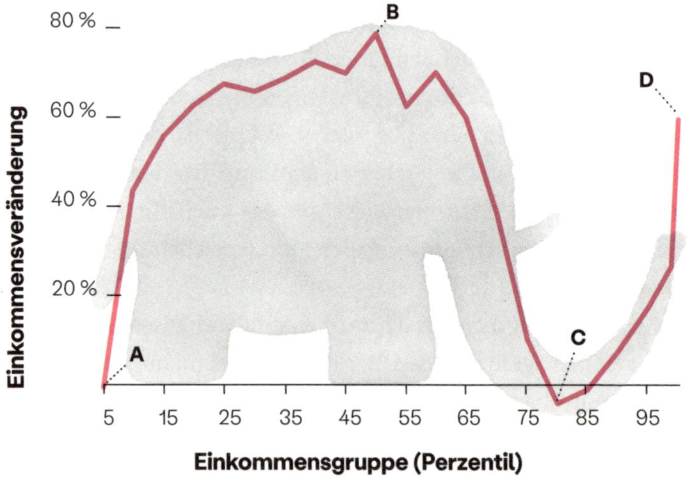

Abb. 1: Relative Veränderung der Einkommen zwischen 1988 und 2008 in weltweiten Einkommensgruppen. Ganz links: die ärmsten 5 Prozent. Das reichste 1 Prozent hat eine separate Gruppe innerhalb der reichsten 5 Prozent. Daten: Milanović, 2012.

ren Ende des Rüssels des Elefanten, den Punkten nahe Null hingegen sind größtenteils Menschen in eigentlich reichen Ländern (Punkt C). Es handelt sich etwa um die untere Einkommenshälfte der deutschen und der US-amerikanischen Bevölkerung.[2] Sie verloren teilweise gar an Einkommen. Ihre Arbeitsplätze wanderten zum Beispiel nach China.

Die Elefantenkurve ist heute eines der bekanntesten Kurvendiagramme der Volkswirtschaftslehre, wahrscheinlich auch weil sie aussieht wie der beliebte Dickhäuter. Statistikmarketing funktioniert am besten, wenn Kurven und Diagramme Assoziationen mit etwas ganz anderem hervorrufen. Die Klimaerwärmung zum Beispiel sieht aus wie ein Hockeyschläger. Das Diagramm vom Lebensglück folgt einem lachenden Mund: hoch in der Kindheit, Tiefpunkt in der Lebensmitte, dann wieder Anstieg (die Kurve ist allerdings umstritten, weil das Glück im Alter auch daher kommen kann, dass Menschen, die lange leben, mehr Lebensglück genossen haben und sich einfach glücklich schätzen, noch am Leben zu sein).

Der Elefant ist aber auch einfach ein großer Erklärbär. Die Elefantenkurve sei »die Kurve, die alles erklärt«, so einmal der *Tagesspiegel*. Sie wurde herangezogen, um die Unzufriedenheit der Arbeiterklasse im Westen – insbesondere in den USA – zu erklären, den Abstieg der Mittelschicht und, möglicherweise als Folge davon, den Aufstieg rechter Parteien, die die Rückkehr zum starken Nationalstaat fordern. Die Kurve zeigt, dass die Arbeiterklasse im Westen von offenen Grenzen und freiem Handel nicht profitiert – und Grund zur Unzufriedenheit haben.

Oder doch nicht? Es ist jedenfalls ganz leicht, den berühmtesten Elefanten der Volkswirtschaftslehre zu erlegen. Betrachtet man nämlich statt des relativen Einkommenszuwachses den absoluten, bricht die Elefantenkurve in sich zusammen

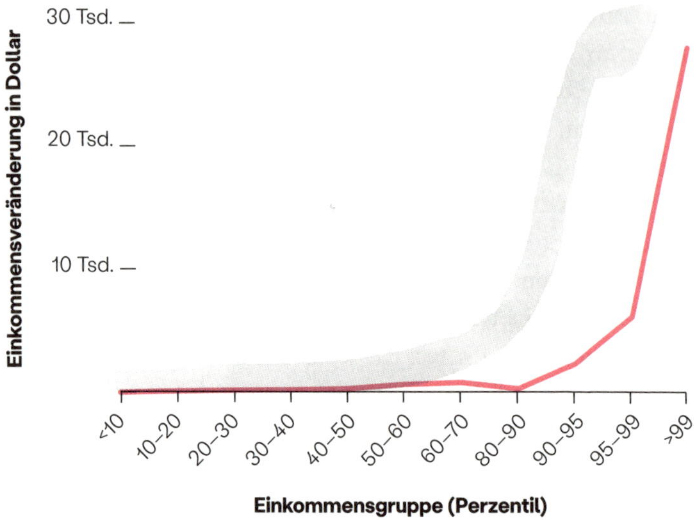

Abb. 2: Absolute Veränderung des Einkommens zwischen 1988 und 2008 in weltweiten Einkommensgruppen. Ganz rechts: das reichste 1 Prozent. Daten: Muheed Jamaldeen mit Zahlen von Lakner/Milanović, 2013.

und die Welt sieht plötzlich ganz anders aus: wie eine sich aufbäumende Kobra (Abb. 2).

Es sind die exakt gleichen Daten, nur anders dargestellt. Statt der relativen Einkommensveränderung sehen wir die absoluten Einkommen über die Welt verteilt. Außerdem sind die Gruppen etwas anders gebildet.

Die Kobra-Kurve – so nenne allerdings nur ich sie – kommt von einem Ökonomen der Hilfsorganisation Oxfam.[3] Sie zeigt: Wirklich zugelegt haben in der Zeit der Globalisierung und der Digitalisierung nur die Reichsten der Reichen. Die neue globale Mittelschicht in Ländern wie China und Indien holten einfach nur ein wenig auf. Sie mag bis zu 80 Prozent an Einkommen zugelegt haben, allerdings ausgehend von einer moderaten Basis. Der Feind im globalen Verteilungskampf ist also nicht »China!«, wie Trump seinerzeit polterte. Der Feind ist da, wo er immer schon war: Im obersten Prozent – dem Trump selbst angehört. Die Kobra-Kurve zeigt die Welt aus linker Sicht.

Die Idee zu diesem Buch entstand, als ich eine Infografik-Seite für die *Zeit* recherchierte. Die Rubrik feierte 2019 nach fast zehn Jahren im Blatt ihre 500. Folge. Ich war als freier Datenjournalist zwar erst seit Nummer 417 dabei, aber zufällig fiel mir die Jubiläumsseite zu. Die Idee war, Daten aus linker (oder grüner) Sicht auf der einen Seite abzubilden – und auf der Rückseite die gleichen Daten aus konservativer, liberaler oder rechter Perspektive. Eine der Abbildungen zeigte die Elefantenkurve, eine andere den Preis für Benzin oder die Anzahl syrischer Flüchtlinge, die Deutschland aufgenommen hatte.

Die Seite war auch eine Reflexion unserer Arbeit als Datenjournalisten, wie man das bei Jubiläen eben so macht. Passiert war ja einiges in den letzten zehn Jahren. In der Öffentlichkeit dominierte die Diskussion über Big Data und seine Gefahren. Aber Daten und Diagramme wurden auch einfach unfassbar populär, ob in den Medien oder im Alltag. Es gibt heute den Beruf Datenjournalist, eine Mischung aus Journalist, Programmierer und Statistiker. Auch jemand wie ich, der Geschichte studiert hat (Schwerpunkt Religion und Frühe Neuzeit), kann heute mit komplexen Statistikprogrammen riesige Datensätze verarbeiten, die einst nur in der Forschung verfügbar waren.

Statistik ist so vielfältig wie noch nie. Diagramme kursieren in der Presse oder in den Sozialen Medien als eindringliche Warnungen, etwa vor dem Klimawandel, oder auch einfach als Karikaturen, so wie die »Gefühlten Wahrheiten« im *SZ-Magazin* oder die »Torten der Wahrheit« in der *Zeit*, ausgedachte Diagramme darüber, was *wirklich* ist. Ein Diagramm kann heute das Resultat einer hochkomplexen Studie sein, die Millionen Euro gekostet hat. Es kann aber auch einfach schnell in Excel zusammengetippt worden sein. Und vielleicht wirkt es gerade deshalb so, als wären wir als Gesellschaft im Umgang mit Daten emotional noch nicht sehr weit entwickelt. Wir haben nach wie vor ein pubertäres Verhältnis zu Zahlen und Statistik.

Einerseits pflegen wir diesen Kult um Statistik als objektive Fakten. Kündigt jemand an, »die Fakten« auf den Tisch zu legen, muss man befürchten, dass man gleich ein Diagramm vor sich liegen hat, das dieses oder jenes beweisen soll. Egal, ob das nun ein »Faktencheck« in der Presse ist oder eine Diskussion auf WhatsApp. Einer der größten Bestseller der letzten Jahre ist *Factfulness* von Hans Rosling, ein Buch voller Diagramme, oder wie es der Autor nennt: Fakten. Das Diagramm gilt nicht als Standpunkt von diesem oder jenem, sondern als Auffangbecken der Wirklichkeit, das sich füllt wie eine Regentonne und unstrittig zeigt, wie viel es geregnet hat.

Andererseits kennen und klopfen alle den Spruch, dass man keiner Statistik trauen soll, die man nicht selbst gefälscht hat (woher das Bonmot stammt, ist unbekannt, von Churchill ist es jedenfalls nicht)[4]. Bücher mit Titeln wie *So lügt man mit Statistik* oder YouTube-Filme à la »Wie wir uns mit Zahlen manipulieren lassen« nähren diese Klischees von den heimtückischen Diagrammen. Sie tun so, als wäre eine Statistik ohne manipulative Zahlentricks ein objektiver Blick auf die Welt.

Mit unserer Jubiläums-Infografik wollten wir zeigen, dass uns weder der hehre Faktenanspruch noch der Lügenvorwurf beim Umgang mit Statistik weiterbringt. Im Gegenteil. Sie lenken von dem eigentlichen Problem ab. Es ist zwar gut, die statistischen Hütchenspielertricks zu kennen: Die abgeschnittenen y-Achsen, die nur scheinbar präzisen Zahlen, die vermeintlich extremen Anstiege, die sich in Wahrheit auf extrem niedrigem Niveau abspielen … Ich will sie nicht alle als Kavaliersdelikte kleinreden. Aber Polemik – auch mit Zahlen – gehört zur politischen Diskussion dazu. Man kann mit ihr Leute gewinnen, aber ebenso leicht Glaubwürdigkeit verlieren.

Als Historiker habe ich einen anderen Blick auf Statistik. Mich interessiert zuerst der politische Kontext, in dem eine Statistik entstanden ist. Entscheidend bei Statistiken ist nicht, wie man sie am Ende aufbereitet. Viel wichtiger und problematischer sind all die Annahmen, die man trifft, bevor man überhaupt Daten zu erheben beginnt. Die Kategorien, die man bildet, und die Wertvorstellungen, die diesen Kategorien zugrunde liegen. Warum gibt es die Kategorie »Ausländer« in der Kriminalstatistik? Oder warum erforschen wir plötzlich »medizinisches Marihuana«? Warum soll Radfahren »externen Nutzen« erbringen? Die gleichen Zahlen aus unterschiedlichen politischen Blickwinkeln zu betrachten kann helfen, diese Annahmen und Auslegungen einer Statistik sichtbar zu machen. Im Titel dieses Buches heißt es links und rechts, aber es wird auch um grüne, liberale oder konservative Gegensätze gehen.

Was kostet zum Beispiel ein Liter Benzin? Als staatskritische Autofahrerin sehe ich den Preis an der Tankstelle und sehe darin vielleicht all die Steuern, die ich entrichten muss, obwohl ich nur zur Arbeit will beziehungsweise muss. Als grüner Radfahrer sehe ich darin all die Schäden, die das Verbrennen von Benzin und das Bewegen von tonnenschweren Autos verursacht, in denen im Berufsverkehr meist nur eine einzige Person sitzt. Aber wie messe ich diese Schäden? Wie den Lärm? Wie ein Leben?

Ich versuche immer, Statistik nicht in erster Linie als Ergebnis einer Rechnung zu lesen, sondern wie einen Text. Niemand würde behaupten, dass man keinem Text glauben soll, den man nicht selbst gefälscht hat. Wir wissen, dass Texte vieles sein können: Protokoll, Polemik, Poesie. Genauso ist es heute mit Statistik. Und was wir beim Text automatisch tun, sollten wir auch bei Statistik machen, nämlich zu fragen: Welcher Blick auf die Welt liegt ihr zugrunde? Welche Absicht verfolgt sie? Was kann sie erfassen und was nicht? Für welches Publikum wurde sie gemacht? Und wie wird sie von diesem gelesen?

Die Popularität von Statistik kommt aber nicht nur daher, dass wir immer mehr Daten zur Verfügung haben, sondern auch von einem neuen Kampf um die Fakten. Wir leben in einer rechthaberischen Zeit, oder sagen wir besser: in einer »faktenhaberischen«. Die Digitalisierung hat unfassbar viele neue Datenquellen eröffnet. Wissen ist für alle zugänglich. Alte Mechanismen, um gesichertes Wissen von Spekulationen und Verschwörungstheorien zu trennen, funktionieren nicht mehr. In einer solchen Welt stellt sich die naheliegende Frage: Wer hat *wirklich* die Fakten, wenn alle alle Fakten haben?

Spätestens seit die Pressesprecherin von Donald Trump Anfang 2017 in einem Interview davon sprach, »alternative Fakten« zu den kursierenden zu haben, Medien aber kaum noch hinterherkamen, alles zu prüfen, was Trump behauptete, sind die Fakten zum politischen Kampfbegriff geworden.

In den Redaktionen wurden nicht nur Datenjournalistinnen eingestellt, sondern auch Faktenchecker. Wo einst die »Lügen mit Statistik«-Bücher in den Bestsellerlisten standen, sind es heute Titel wie *Fakten gegen Fakes*, die Mythen und Verschwörungstheorien aus den Sozialen Netzwerken entlarven.

Es geht dabei aber längst nicht mehr nur um Verschwörungstheorien. Während der Bundestagswahl 2021 dienten Faktenchecks von Redaktionen als Datengrundlage für statistische Auswertungen, wer in den Triellen am faktentreuesten sei, Annalena Baerbock, Armin Laschet oder Olaf Scholz. Oder wer von den dreien am stärksten von »Fake News« betroffen sei, wobei manche Berechnungen dieser Anti-Fake-News-Studien derart haarstäubend waren, dass sie selbst – zu recht – als »manipulativer Mist« bezeichnet wurden.[5]

Doch genauso, wie wir unseren Statistikbegriff differenzieren sollten, sollten wir auch mit dem Faktenbegriff vorsichtiger werden. Im Januar 2020 zum Beispiel kursierten immer mehr Berichte aus China über ein neuartiges Virus. War es Grund zur Panik? Manches sprach dafür, manches dagegen. Aber wie die Fakten in Form von Zahlen ausgelegt wurden, hing manchmal auch einfach davon ab, wie man zu einer grundsätzlichen politischen Frage stand: offenen Grenzen. Je weiter sich das Virus verbreitete, desto offensichtlicher wurden die Konsequenzen, die man hätte ziehen müssen: Kontakte beschränken und Grenzen schließen.

Im Laufe der Pandemie tat sich die AfD als vehemente Gegnerin einer strikten (oder auch nur relativ restriktiven) Corona-Politik hervor. Doch das war nicht immer so. Im Gegenteil. Die Lage sei ernst, wir befänden uns in einer »echten Krise«, warnte Alice Weidel zu Beginn der Pandemie im Bundestag. Gefordert seien »systematische Einreisekontrollen an den Grenzen, die die Bundesregierung leider bis heute ablehnt«, sagte sie. Und: Das »Dogma der offenen Grenzen« könne Leben kosten.

Andere ordneten die neuen Zahlen ganz anders ein. In einem Beitrag des Bayerischen Rundfunk sagte eine Journalistin, das Coronavirus mutiere gerade »von einem Virus zu einem psychologischen Massenphänomen: Panik«. Viele Menschen aus dem »rechten Spektrum« würden jetzt Grenzschließungen fordern, »die sollen das Virus *abhalten*«, meinte sie ironisch. Später nahm der Sender das Video wieder vom Netz, weil die »Faktenlage« sich geändert habe.[6]

Wer die Zahlen nicht unmittelbar politisch deutete, versuchte sie mit möglichst neutralen Größenvergleichen einzusortieren. »Die Grippe tötet hier Tausende, das Coronavirus bislang niemanden«, titelte *Spiegel Online* am 28. Januar 2020. Und selbst Experten, die warnten, läuteten nicht die Alarmglocken. In einem Interview, veröffentlicht am selben Tag, zeigte sich der Virologe Christian Drosten besorgt angesichts der Lage und warnte vor einer möglichen Pandemie. Er mahnte, man müsse jetzt »ganz genau anschauen, wie sich die Fallzahlen in China entwickeln«.[7]

Es gab andere Expertinnen und Experten, die zu diesem Zeitpunkt schon deutlich unruhiger waren und etwas ganz anderes in diesen neuen Zahlen sahen. Aber es waren nicht die Virologen, sondern eher die, die sich mit statistischen Konzepten wie der Extremwerttheorie oder Komplexen Systemen beschäftigen. Nassim Taleb, Autor von *Der Schwarze Schwan*, einem modernen Klassiker über Ausreißerphänomene und Zufallsereignisse, hatte bereits in einem Paper gewarnt, die Menschheit werde ein einziges solches Ereignis mit hoher Wahrscheinlichkeit zwar überleben, *auf Dauer* sei die Wahrscheinlichkeit dafür aber letztlich gleich Null. Deshalb sei hier konventionelles Risikomanagement und »naiver Empirismus« (man könnte auch sagen: Fallzahlen beobachten) falsch. Er und seine Co-Autoren forderten drastische Kontaktbeschränkungen und »angemessenen Respekt für Unsicherheit in Anbetracht einer möglicherweise irreversiblen Katastrophe«.[8]

Zeynep Tüfekçi, Soziologin an der University of North Carolina in Chapel Hill, schrieb im Rückblick auf die ersten Monate der Pandemie, dass aus »Zahlen alleine noch keine Wissenschaft oder sensible Risikokalkulation in komplexen Systemen entstehen«. In global vernetzten Systemen mit wenig Spielraum für Fehler könne sogar ein mildes Virus extrem gefährlich sein. Die Frage hätte nicht sein dürfen, ob das Virus gefährlicher ist als die Grippe, sondern zum Beispiel, ob ein System die Grippe plus ein neues Virus aushält.[9]

Es kann zu gefährlichen Fehlschlüssen führen, sich nur auf Fakten in Form von Zahlen zu konzentrieren, geschweige denn sie politisch einzusortieren. Deshalb geht es in diesem Buch nicht nur um Diagramme und wie sie politisch gelesen und verwendet werden. Ich versuche auch, die Unsicherheiten zu berücksichtigen, von denen sie umgeben sind.

Linke Daten, rechte Daten bedeutet nicht: »Die einen sagen so, die anderen so – und die Wahrheit liegt wohl irgendwo dazwischen.« Dieses Buch ist kein statistisches Kumbaya zur Versöhnung von Linken und Rechten. Aber wir kommen nicht drumherum, Statistik immer wieder aus unterschiedlichen Blickwinkeln zu betrachten. Dabei geht es manchmal um Kurven, die man zu unterschiedlichen Zeitpunkten beginnen lässt, oder solchen, deren Entwicklung einfach anders interpretiert wird. Mal geht es um Kategorien, die man je nach politischen Wertvorstellungen unterschiedlich bildet, oder um Unsicherheiten und Risiken, die man bereit ist einzugehen.

Weil dies ein Buch über Daten und Diagramme ist, werde ich aber auch ab und an auf Studien eingehen, die die Welt für immer verändert haben, kleine »Kathedralen der Statistik« besichtigen, einfach weil sie wunderschön sind.

Eines ist mir noch wichtig zu betonen, bevor es richtig losgeht: Hinter fast allen Diagrammen in diesem Buch kann ich stehen. Sie entsprechen nicht immer meinen persönlichen politischen Überzeugungen, aber ich kann sie begründen. Ich gehe auf nichts ein, was ich für hanebüchen halte, auch wenn es in politisch linken oder rechten Kreisen vertreten wird.

TEIL 1

Gesundheit

Geld oder Lebenserwartung!

Beginnen wir mit einer guten Nachricht: Es geht der Menschheit so gut wie noch nie! Immer mehr Menschen gehören zur globalen Mittelschicht. Aber auch den Ärmsten geht es immerhin ein bisschen besser. Immer weniger Menschen leiden unter Hunger und extremer Armut. Immer mehr Men-

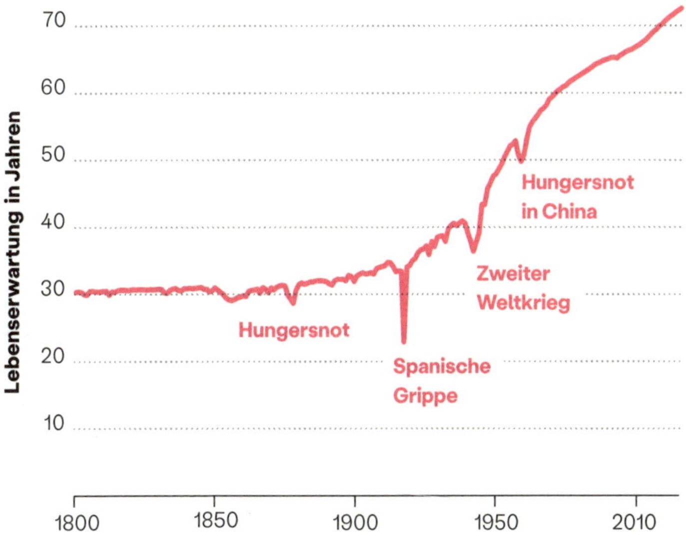

Abb. 3: Entwicklung der weltweiten Lebenserwartung. Übernommen und adaptiert von Gapminder. Quelle: IHME, HMD, UN.

schen haben Zugang zu sauberem Trinkwasser. Die Kindersterblichkeit nimmt immer weiter ab, Kinderarbeit wird immer weniger. Seuchen wie die Pocken sind ausgerottet. HIV kriegen wir langsam in den Griff. Es sterben immer weniger Menschen bei Verkehrsunfällen. Ja sogar Krieg fordert immer weniger Todesopfer.

Zoomt man aus all diesen Entwicklungen heraus, sieht man die vielleicht wichtigste Statistik der Welt, weil sie ein Gradmesser dafür ist, wie es den Menschen geht: die ständig steigende Lebenserwartung. Nicht nur im Westen steigt sie, nicht nur in China, überall auf der Welt. COVID-19 verursacht zwar gerade einen Einbruch, wie es ihn historisch immer mal wieder gab, der große Trend aber ist eindeutig. Es geht aufwärts. (Abb. 3)

Lange wurden Zahlen wie diese kaum beachtet. Sie standen nur in schwer zugänglichen Datenbanken und Berichten der Vereinten Nationen. Lediglich Experten hatten Zugang dazu, und die Öffentlichkeit interessierte sich ohnehin kaum dafür. Doch dann, 2006, hielt ein schwedischer Professor für Internationale Gesundheit, Hans Rosling, einen TED-Talk. Bei der Vortragsreihe (die Abkürzung steht für »Technology, Entertainment, Design«) präsentieren smarte Leute verblüffende »Ideen, die verbreitet werden sollten«. Der schon etwas ältere Rosling war mit seinem Karohemd und dem braunen Wollpulli ein ungewöhnlicher Gast. Und auch was er entwickelt hatte, war weder eine neuartige Künstliche Intelligenz noch eine geniale soziologische Idee, wie man sie sonst bei TED-Talks erwartet, sondern eine mausgraue Software mit einem Namen, der eher nach einem Beruhigungsmittel klang: *Trendalyzer*. Man konnte mit ihr all die drögen UN-Zahlen in bunten Flächen visualisieren und animieren.

Doch es war die Art, wie Rosling diese Zahlen präsentierte,

die aus dem Vortrag einen viralen YouTube-Hit machte, als es das Wort dafür noch nicht mal gab. Der Schwede rannte vor seiner Leinwand hin und her und kommentierte aufgeregt wie ein Sportreporter die sich bewegenden Grafiken. Wie die Kindersterblichkeit dank steigender Pro-Kopf-Einkommen überall auf der Welt immer weiter sinke und sinke und wie die sogenannten Entwicklungsländer längst den Anschluss an die Industrienationen gefunden hätten. Nur wüsste das niemand! Die Daten lagen ja bislang versteckt in den Archiven. Frage man selbst die klügsten und gebildetsten Menschen, erzählte Rosling aufgeregt, würden sie positive Entwicklungen wie diese immer völlig falsch einschätzen. Sie hätten ein viel zu pessimistisches Bild von der Welt. Er scherzte, dass selbst seine »schwedischen Top-Studenten statistisch signifikant weniger über die Welt wissen« als Schimpansen, die einfach nur raten. Der Vortrag erhielt den Titel »The best stats you've ever seen« – die besten Statistiken, die du je gesehen hast.

So wie Rosling hatte noch keiner über Statistik gesprochen. Schon gar nicht über Daten der UN. Und erst recht nicht über Daten wie die zur weltweiten Kindersterblichkeit. In gewisser Weise war Rosling ein Datenjournalist, bevor es uns Datenjournalisten überhaupt gab. Der Erste, der trockene Zahlen ausgrub und eine Geschichte damit erzählte. Und so eine ganz neue Art entwickelte, die Welt zu sehen.

Aber dann passierte etwas Sonderbares. Der Professor mit dem Wollpulli und dem rudimentären Computerprogramm, der anscheinend nur die nackten Fakten präsentierte, erhielt über die Jahre eine unerwartete Gefolgschaft: Marktliberale. Hatte das »inspirierende Denken« seines TED-Talks noch BMW gesponsert, schien man nun vor allem im Silicon Valley von Roslings Diagrammen angetan. Kein geringeres Unternehmen als Google erwarb seine Software, um diese Zahlen – und ihre gute Botschaft – noch effektiver in die Welt hinauszutragen, als es Rosling in seinen Vorträgen bereits tat. Bill Gates wurde Roslings zweitprominentester Fan (hinter Barack Obama), pries dessen Buch als eines der wichtigsten, das er je gelesen habe, und als »unverzichtbaren Führer für ein klares Denken über die Welt«. Die Gates Foundation, so wie auch die IKEA-Stiftung, unterstützt bis heute Roslings Organisation Gapminder, die »niederschmetternde Ignoranz« mit einer »faktenbasierten Weltsicht« bekämpfen will, etwa indem sie Unterrichtsmaterial für Schulen bereitstellt.[10]

Auch in liberalen und konservativen Medien wurden Roslings Diagramme beliebt. Süffisant nannte einmal die *FAZ* die Botschaft, dass die Welt immer besser werde, eine »zutiefst erschütternde These«. Miesepetrige Linke kann man mit den Diagrammen jedenfalls sehr gut ärgern. Es sei ja nicht einfach eine Meinung, die Rosling vertritt, sondern es sei die »Empirie der Fakten, die für den Optimismus spricht«, hieß es einmal in der *Welt*. Dabei ist es nicht nur die Richtung der Entwicklungen, die Wirtschaftsliberale an Roslings Grafiken angesprochen haben dürfte, sondern auch das, was sie antrieb. Das Zauberwort heißt in Roslings Statistiken nämlich oft: Wirtschaftswachstum. Je höher das Pro-Kopf-Einkommen in einem Land, desto höher ist in der Regel auch die Lebenserwartung (Abb. 3). Und die Kurve der Lebenserwartung etwa steigt nach Jahrtausenden Menschheitsgeschichte just dann an, als die Industrialisierung und der Kapitalismus begannen und der angelsächsische Westen mit seinen Demokratien die Führung der Welt übernahm.

Diese Sicht ist weit verbreitet. »Jedes Mal, wenn in einem weiteren Land die Industrielle Revolution einsetzte, wurden Mittel für Investitionen frei und verbesserte sich die Organisationsstruktur der Gesellschaft. Und die Lebenserwartung stieg«, schreibt etwa der Geriater Rudi Westendorp von der Universität Kopenhagen, der Lebenserwartungen und Alterungsprozesse erforscht.[11] Der Prozess begann in Großbritannien im 19. Jahrhundert und setzte sich Land für Land fort.

So gesehen erzählt die steigende Lebenserwartungskurve, dass, wenn man den Menschen nur machen lässt und ihm die Möglichkeit gibt, sich frei zu entfalten, er immer neue Ideen finden und verbreiten wird, um das Leben zu verbessern. So wie einst James Watt, der schottische Erfinder, der mit seiner Weiterentwicklung der Dampfmaschine zu so etwas wie dem Wegbereiter der Industriellen Revolution wurde. Selbst als Sohn einfacher Eltern gelang es ihm, eine Maschine zu entwickeln, die manche reich machen sollte und zugleich unzählige Menschen von mühsamer Handarbeit entlastete.

Und noch etwas machten Roslings Grafiken deutlich: Lebenserwartung ist kein Nullsummenspiel. Sie muss nicht in einem Land sinken, um in einem anderen zu steigen. Zwar sind die Unterschiede zwischen den Lebenserwartungen groß. Aber der Trend ist für alle gleich.

Rosling war kein liberaler Provokateur, aber er stichelte gerne gegen »Journalisten und politische Aktivisten«, die mit ihrem Pessimismus ein viel zu negatives Bild der Welt verbreiten und damit den Menschen die Hoffnung rauben würden. Schaute man dagegen auf die *Fakten* – das Wort war zentral in Roslings Botschaft –, sähe man vieles anders.

Es gibt nur ein Problem mit dieser Erzählung: Sie ist nicht so einfach, wie Rosling und seine Anhänger uns glauben lassen. Folgen wir der Kurve und schauen einmal etwas tiefer, was die Lebenserwartung drückte und steigerte, wird das Bild komplizierter – und weniger wirtschaftsfreundlich.

Den ersten Widerspruch sieht man bereits, wenn man einen etwas differenzierteren Blick auf die Kurve wirft. Wo genau die Industrialisierung und der Kapitalismus beginnen, ist eine Frage der Definition. James Watt entwickelte seine Dampfmaschinen bereits in der zweiten Hälfte des 18. Jahrhunderts. Maschinen begannen, das Leben leichter zu machen. Der Effekt auf die Lebenserwartung (man sieht es auf der weltweiten Kurve genauso, wie man es auf einer nationalen Kurve sehen würde): Null. Nichts.

Das eigentliche Wirtschaftswachstum infolge der Industrialisierung setzte erst Mitte des 19. Jahrhunderts ein. Und der Effekt auf die Lebenserwartung war wieder: Null.

Würden wir die Kurve der Lebenserwartung nicht nur nach Ländern, sondern auch nach Regionen unterteilen, könnten wir noch etwas anderes sehen. In englischen Städten, wo die Industrialisierung als Erstes die größten Auswirkungen hatte und die Wirtschaft am stärksten wuchs, passierte mit der Lebenserwartung sogar das Gegenteil. Sie sank. Und würden wir die Kurven nach Ländern unterteilen, fiele auf, dass die Lebenserwartung hauptsächlich in Europa und Nordamerika stieg. Der Kolonialismus – fester Bestandteil der Industrialisierung und des frühen Kapitalismus – drückte in Teilen von Afrika, Indien und Südamerika die Lebenserwartung teilweise sogar unter dreißig Jahre.[12]

Diese Erkenntnis ist nicht neu. »Tatsächlich war in fast jedem historischen Fall der erste und direkteste Effekt von schnellem Wirtschaftswachstum eine negative Auswirkung auf die öffentliche Gesundheit«, schrieb bereits vor zwanzig Jahren der Historiker Simon Szreter von der University of Cambridge.[13] Szreter antwortete schon damals auf die provokante These des Medizinhistorikers Thomas McKeown, dass es das Wirtschaftswachstum und nicht die Medizin gewesen sei, die zur Steigerung der Lebenserwartung führte (nur in einem Punkt sollte McKeown recht behalten, aber sie wird Marktliberale nicht erfreuen, dazu gleich mehr).[14] Wenn sich etwas von Land zu Land wiederholte, wann immer die Industrialisierung einsetzte und die Menschen vom Land in die Stadt zogen, um in den Fabriken zu arbeiten, dann eine sinkende Lebenserwartung.[15]

Vor allem für Kinder waren die plötzlich boomenden Städte tödlich. Cholera, eine in Europa damals neuartige Durchfallerkrankung, ausgelöst durch eine bakterielle Infektion im Dünndarm, war eine dieser neuen Gefahren. Im Laufe des 19. Jahrhunderts wurden europäische Städte immer wieder von Cholerapandemien heimgesucht, zuletzt Hamburg in den 1880er Jahren. Wie die Krankheit übertragen wurde, war unklar. Erst durch eine neue Form der Geodatenanalyse kam der Londoner Mediziner John Snow 1854 der Choleraübertragung auf die Spur. Er ermittelte, wo genau in der Stadt die Fälle auftraten, übertrug sie auf eine Karte und glich sie mit den Standorten der Pumpen verschiedner Wasserunternehmen ab. Trinkwasser- und Abwassersysteme waren damals nicht voneinander getrennt. Snows Karte des Viertels zwischen Oxford Street und Regent Street mitsamt der verzeichneten Punkte der Cholerafälle, die sich geisterhaft um eine bestimmte Wasserpumpe in der Broad Street scharten, gilt heute als Beginn der modernen Epidemiologie.[16] Den Beweis der Übertragung durch das Wasser lieferte später Robert Koch.

Snows Arbeit rückte etwas in den Fokus, das ganz wesentlich zur Steigerung der Lebenserwartung beitragen sollte: Hygiene. Doch die war teuer und ohne kurzfristigen Ertrag. »Aktivisten für ein öffentliches Gesundheitswesen hatten entdeckt, dass die Gesundheit verbessert werden konnte, indem man Abwasser von Trinkwasser trennte«, schreibt der populäre marxistische Autor Jason Hickel, wahrscheinlich der prominenteste und lauteste linke Kritiker von Roslings Diagrammen. »Aber ein Fortschritt in diese Richtung wurde durch die kapitalistische Klasse behindert statt befördert.« Immobilien- und Fabrikbesitzer hätten sich dem Bau neuer Anlagen widersetzt und sich geweigert, die Steuern zu zahlen, um die Arbeit zu erledigen.[17] Erst das allgemeine Wahlrecht und die Bildung von Gewerkschaften brachen, so Hickel (mit Bezug auf die Forschung von Szreter), den Widerstand. Damit ebneten sie nicht nur den Weg für saubere Städte mit sauber getrennten Kanalisationen, sondern auch für die allgemeine Krankenversicherung, Bildung und Sozialwohnungsbau. Es war der Zugang zu öffentlichen Gütern wie diesen, der die Lebenserwartung nach oben trieb.

Nicht nur Hickel sieht das so. »Es gibt eine unglückliche Tendenz, in einer Kultur, die so besessen ist von der Kreativen Zerstörung durch Technologie-Start-ups, anzunehmen, dass Institutionen der Feind von Innovation sind«, schreibt der US-amerikanische Autor Steven Johnson in seinem Buch *Extra Life*.[18] Viele würden heute glauben, dass staatliche Bürokratie den Fortschritt behindere und es nur innovative Unternehmen brauche, um Fortschritt zu bewirken. Historisch ist das Gegenteil der Fall.

Johnson geht in seinem Buch der Frage nach, woher die zwanzigtausend Tage zusätzlichen Lebens kommen, die wir in den letzten 150 Jahren dazugewonnen haben. Die meisten, so Johnsons Argument, entstanden nicht aus kapitalistischen Überlegungen heraus, wurden weder von Start-ups noch von Großunternehmen geschaffen. Oft mussten sie sogar gegen den Widerstand von Unternehmen erkämpft werden. Die Dinge, die historisch am meisten zur Steigerung der Lebenserwartung beigetragen haben dürften, sind Kanalisationen, Toiletten, Impfungen und Kunstdünger. In den etwas niedrigeren Ligen spielen Pasteurisierung, Bluttransfusionen, Antibiotika, Anschnallgurte oder Kühlketten. Unternehmen waren zwar wichtig bei der Verbreitung mancher dieser Innovationen, aber die große Mehrheit der zusätzlichen zwanzigtausend Tage Leben hätten wir, so Johnson, Innovationen von außerhalb des Marktes zu verdanken.[19]

Zum Beispiel Impfen, das ganz wesentlich zur Reduktion der Kindersterblichkeit und damit zur Steigerung der Lebenserwartung Ende des 19. Jahrhunderts beitrug. Die Idee war nicht neu. Ein Vorgänger der Impfung, die sogenannte Variolation, wurde bereits im 18. Jahrhundert aus China und Indien übernommen. Durch einen kleinen Schnitt wurden Kinder damals mit Pustelmasse von Pockenkranken infiziert. Doch das Verfahren war riskant, eigentlich grausam. 2 Prozent der Behandelten starben daran, und das einzig Tröstliche war, dass durch eine »richtige« Pockenerkrankung noch viel mehr sterben würden, nur eben etwas später.[20]

Der Durchbruch gelang, als man die Pusteln durch das Vacciniavirus ersetzte. Dieses verdankt seinen Namen der Tatsache, dass man es zunächst für den Erreger der Kuhpocken hielt, vom lateinischen *vacca*, die Kuh. Diese Verfahren – die Vaccination oder eben: Impfung – war deutlich weniger riskant. Doch die Widerstände gegen das Impfen waren enorm. Manche hielten eine Impfpflicht für einen Eingriff in die individuelle Freiheit, andere schworen auf natürliches Heilen, wieder andere hielten es für eine Ablenkungen vom eigentlichen Problem, dem Mangel an Hygiene. Der Siegeszug der Impfung war deshalb nicht nur ein medizinischer: Er sei auch, so Johnson, das Ergebnis von politischem Aktivismus und Reformbewegungen gewesen, die Menschen davon überzeugen mussten und die entsprechenden Institutionen schufen, die dafür sorgten, dass alle eine Impfung erhalten konnten.[21]

Eine Schlüsselrolle kam dabei den International Sanitary Conferences zu, die 1851 ins Leben gerufen worden waren, zur Etablierung von Quarantänestandards. Aus ihnen sollte hundert Jahre später die WHO werden. Der Markt hingegen spielte damals auf diesem Gebiet keine Rolle. Es gab kein BioNTech, Moderna oder AstraZeneca jener Zeit.

Aber was ist mit all den neuen Produkten, mag man aus einer marktwirtschaftlichen Perspektive einwenden, die sich die Menschen dank industrieller Produktion plötzlich leisten konnten und die zum Wirtschaftswachstum beitrugen? Deren Erfinder wir bis heute verehren und die ohne Zweifel das Leben ein bisschen besser machten: Coca-Cola, Maggi, Bayer?

Der Chemiekonzern Bayer nennt sich noch heute »ein Start-up des 19. Jahrhunderts mit einem Riesen-Potenzial«, dessen Ziel es »Tag für Tag« sei, das Leben überall auf der Welt zu verbessern.[22] Blickt man zurück, sieht es etwas anders aus. Das »Start-up« Bayer begann mit der Produktion von Farbstoffen. Aber in zwei schicksalshaften Wochen im Jahr 1897 entwickelten drei Chemiker des Unternehmens zwei neue Medikamente, die die Welt für immer verändern sollten. Das eine war Aspirin, bis heute eine der populärsten und vielseitigsten Pillen. Das andere: Heroin.

Heute ein neues Medikament auf den Markt zu bringen dauert Jahre und kostet Millionen. Markliberale beklagen, dass durch diese Bürokratie Patienten, die auf ein neues Mittel warten, unnötig lange leiden. In verschiedenen Phasen mit immer größeren Versuchs- und Kontrollgruppen, die nur ein Placebo erhalten, muss ein Pharmaunternehmen statistisch belegen, dass sein Medikament besser wirkt als die Scheinbehandlung. Und es muss die Nebenwirkungen aufzeigen. Aspirin und Heroin hingegen kamen atemberaubend schnell auf den Markt. Aspirin 1899, Heroin ein Jahr später. »Von den beiden Medikamenten wurde Aspirin damals als das gefährlichere angesehen, hauptsächlich wegen des Risikos von Blutungen im Magen«, schreibt die englische Historikerin Lucy Inglis. Heroin wurde zunächst vor allem an Lungenpatienten verabreicht. Doch entdeckten auch andere die, sagen wir: Vorzüge des, nun ja: Medikaments. Herointabletten waren billig. Teilweise gingen sie in 100er-Packungen über den Tresen, und zwar an alle, die danach fragten. Rosenwassergeschmack oder Schokoladenüberzug versüßten die Pillen mancherorts noch.[23]

Die Geschichte von Aspirin und Heroin ist nicht untypisch für die Pharmazie des 19. Jahrhunderts. Verkauft wurde, was sich schnell verkaufte, nicht was das Leben längerfristig verbesserte. Mit etwas Glück war es ein Medikament, das noch 120 Jahre später den Menschen helfen würde, Kopfschmerzen zu lindern (sogar beim Schreiben dieses Buches). Im weniger guten Fall bescherte ein Unternehmen der Menschheit eine der schlimmsten Drogen. In vielen Fällen entpuppten sich die Pillen und Säfte später, mit robusten Tests, als wirkungslos.

So verrückt es klingt: Die kurierende Medizin dürfte bis zur Einführung standardisierter statistischer Testverfahren in der zweiten Hälfte des 20. Jahrhunderts kaum etwas zum Anstieg der Lebenserwartung beigetragen haben. In diesem Punkt hatte der Medizinhistoriker McKeown also recht.[24]

Ein anderes Produkt des 19. Jahrhunderts verbreitete sich nicht ganz so schnell wie Heroin, beschert einem aber ebenfalls einen wunderbaren Rausch und macht vielleicht ein bisschen süchtig, obwohl wir wissen, wie gefährlich es ist: das Auto. Ich werde mich am Ende dieses Buches noch als passionierter Fahrradfahrer outen, aber an dieser Stelle möchte ich festhalten: Ich liebe alte Autos. Und es gibt nichts, was ich so gerne schaue wie Serien, in denen sie restauriert werden. Ich kann nur nicht hinschauen, wenn Leute mit ihnen *fahren*.

So elegant die Fahrzeuge auch waren, es waren quasi Todesmaschinen.

Das Auto steht wie kaum ein zweites Produkt für Freiheit und etwas, das das Leben einfacher und schöner macht. Aber die Massenmotorisierung und die tödlichen Verkehrsunfälle liefen im 20. Jahrhundert derart aus dem Ruder, dass in den siebziger Jahren die Lebenserwartung in Deutschland nach jahrzehntelangem Anstieg sogar wieder kontinuierlich zurück ging. Auf dem Höhepunkt 1970 starben hier jährlich über zwanzigtausend oft junge Menschen im Straßenverkehr. Eine Kleinstadt ausgelöscht, jedes Jahr.

Ideen, Autos sicherer zu machen, gab es durchaus. Und diesmal kamen sie aus der Privatwirtschaft. Der schwedische Autobauer Volvo heuerte einen Ingenieur aus der Luftfahrt an, um Konzepte für ein sichereres Auto zu entwickeln. Einfache Sicherheitsgurte gab es zwar teilweise schon, waren aber wenig effektiv. Volvo übernahm das Gurtkonzept von Kampfflugzeugen, um die Kraft des Aufpralls auf den ganzen Körper zu verteilen. Der Sicherheitsgurt, den das Unternehmen bereits 1959 einführte, hatte jene Dreiecksform, die wir noch heute kennen, und war kinderleicht zu bedienen.[25] Das Patent für den Gurt gilt heute als eines der wichtigsten der Menschheit. Um die Verbreitung des Gurts nicht zu hindern, versprach Volvo, seine Patentrechte nicht durchzusetzen. Es war freier Markt in seiner schönsten Form: ein Produkt, das Leben rettet, entwickelt in einem Unternehmen, das sich seiner sozialen Verantwortung bewusst ist und auf seine Einnahmen verzichtet.

Und dann passierte: eigentlich nichts.

Jedes Kind schnallt sich heute mit weniger Widerstand im Auto an, als sich die Autoindustrie gegen Anschnallgurte wehrte. Johnson schreibt, dass der Großteil der Automobilhersteller »schreiend und tretend« dazu gezwungen werden musste, Anschnallgurte standardmäßig einzubauen.[26] Und es waren just die von Rosling so geschmähten »Journalisten und politische Aktivisten«, die die Automobilindustrie vor sich her trieben. Erst 1974 mussten in Westdeutschland Gurte in neue Autos eingebaut werden. Für die Gurtanlegepflicht dauerte es dann noch einmal zehn Jahre (die sozialistische DDR war etwas schneller: Trabis und Wartburgs waren bereits ab 1970 begurtet).[27]

Schauen wir also aus einer linken Perspektive auf die Kurve, sehen wir Wissenschaftlerinnen, Beamte, Aktivistinnen und Journalisten, die der berühmten »unsichtbaren Hand« des freien Marktes ständig wieder auf die Finger klopfen müssen, damit sie nicht permanent Menschen über die Klippe schiebt mit ihren Produkten.

Die Automobilindustrie ist nur ein Beispiel für eine Branche, die zwar erheblich zum Wirtschaftswachstum beitrug, aber gleichzeitig die Lebenserwartung drückte. Die Geschichte wiederholt sich bis heute. In den USA stagniert oder sinkt seit mehreren Jahren die Lebenserwartung. Einer der Hauptgründe: das Pharmaunternehmen Purdue. Es verfolgte die lukrative Geschäftsidee, hochdosierte Opioide selbst bei wenig schweren Schmerzen verschreiben zu lassen. Aggressives Marketing brachte seine OxyContin-Pillen an die Ärztinnen und Ärzte und löste eine Epidemie aus, die bis heute etwa eine halbe Million Menschenleben allein durch Überdosen gekostet haben dürfte. Wieder war es ein einziges Produkt, das die Lebenserwartung eines ganzes Landes einknicken ließ.[28]

Hans Rosling, der schwedische Mediziner, mit dem dieses Kapitel begann, sah in der Statistik »eine neue Art Glückspille«, mit der er unserem Pessimismus entgegenwirken wollte. Er wollte die Fakten und nichts als die Fakten präsentieren.

Aber in der Art, wie er diese präsentierte, steckte bereits mehr Interpretation und mehr Ideologie, als es den Anschein hat. Zu suggerieren, dass mit steigendem Einkommen die Lebenserwartung steigt, ist zwar nicht grundsätzlich falsch. Aber es heißt noch lange nicht, dass das eine zwingend mit dem anderen zu tun hat, und falls doch, wie sehr und warum. Da ist ein armes Land wie Costa Rica, das ökonomisch seit Jahrzehnten stagniert, aber die Lebenserwartung durch eine innovative, öffentliche medizinische Versorgung auf das Level von Deutschland steigern konnte. Und da ist ein reiches Land wie die USA, in dem die Lebenserwartung niedriger ist und sogar sinkt.[29]

Roslings Erbe der Statistik als »Glückspille« wirkt nichtsdestotrotz bis heute auf den Umgang mit dem Medium. Ein Gutachten der Leopoldina, der einflussreichen deutschen Wissenschaftsakademie, die die Politik berät, empfahl jüngst die Förderung von Datenjournalismus. Allerdings solchen, der nicht nur kritisch, sondern auch konstruktiv sei und »Negativität« entgegenwirke, hieß es mit Verweis auf Rosling. Unsere Aufgabe als Datenjournalisten soll demnach sein, »positive Entwicklungen« aufzuzeigen, beispielsweise die weltweit steigende Lebenserwartung, um das »positive Selbstverständnis von Demokratien« zu stärken.[30] Leider funktioniert nicht einmal das: Die Lebenserwartung steigt auch in Diktaturen. Statistik ist keine Glückspille, sondern eher wie eine dieser Pillen im 19. Jahrhundert. Man weiß nie, welche Wirkung sie entfalten wird. Erst macht sie glücklich, weil die Welt so schön einfach und klar erscheint. Dann folgt der Kater, und alles wird kompliziert.

Hans Rosling starb 2017. Er bleibt eine Legende.

Adam und / oder Eva

Ich war gerade dabei, dieses Kapitel zu überarbeiten, da knallte es auf Twitter. Auffahrunfall, wie immer:

»Endlich mal die wichtigen Dinge anpacken!«, twitterte CSU-Spitzenpolitiker Florian Hahn süffisant. Dazu postete er einen Artikel aus der *Bild*: »Vize-Bürgermeisterin will Crash-Test-Dummys gendern.« Da steckt natürlich alles drin, was es für einen guten Boulevard-Aufreger braucht: Autos, Verkehrsunfälle, Gendern.

Hintergrund war, dass Katharina Fegebank von den Hamburger Grünen bei einem Kongress über »gendergerechte Mobilität« gesprochen hatte. Der Verkehr sei noch immer an Männern und ihren Bedürfnissen ausgerichtet, sagte sie.[31] Als beliebtes Beispiel dafür gilt, dass Crashtest-Dummys oft Männerkörpern nachempfunden sind. *Bild* fand das alles »links-grüne Propaganda« und »puren Unfug«, Mobilität sei doch längst gendergerecht. CSU-Mann Hahn fand das offenbar ebenfalls. Und mit ihm viele andere: 1900 Likes erhielt sein Tweet, nicht wenig.[32]

»Lieber @hahnflo« (das steht für Florian Hahn), antwortete darauf der Grüne Cem Özdemir. »Etwas mehr als 50 % der Weltbevölkerung sind Frauen. Sie fahren auch Auto (auch in Bayern!) & haben genauso ein Recht darauf, dass ihre Sicherheit maximiert wird. Bisher sind Dummys aber vor allem männlichen Körpern nachgebaut. Nicht wichtig?«[33]

Natürlich wichtig: 5500 Likes.

»Crashtest-Dummies wurden von Beginn an auf Männer genormt«, versuchte es noch ein Journalist auf den Punkt zu bringen. »Dadurch sterben Frauen öfter bei Verkehrsunfällen oder werden schwerer verletzt. Man kann es natürlich auch so posten, aber dann ist es halt Desinformation.«[34]

Knaller: 11 200 Likes, sehr, sehr viel.

Was allerdings Information und was Desinformation ist, wird schnell unklar, wenn Männer in einem polarisierenden Sozialen Netzwerk wie Twitter drauflos posten. Um es vorweg zu nehmen: Dass Frauen häufiger bei Verkehrsunfällen sterben, stimmt nur sehr bedingt. Oder auch gar nicht. Es hängt davon ab, wie wir auf Unfalldaten schauen.

Das Risiko ist für Frauen deutlich höher, eine schwere Verletzung davonzutragen, *wenn* sie mit dem Auto in einen Unfall verwickelt sind. Auf eine Erhöhung von 47 Prozent kommt zum Beispiel eine oft zitierte amerikanischen Studie von 2011.[35] Andere kommen auf niedrigere Werte, aber nichtsdestotrotz erhöhte. Manche aber auch gar keine.[36]

Mit zum erhöhten Risiko beitragen könnte, dass die Sicherheit im Auto zu wenig an ihnen ausgerichtet ist. Die Sitze sind für Frauen tendenziell zu groß. Die Nackenstützen sitzen nicht am richtigen Ort. Gaspedal und Bremse sind zu weit weg. Frauen müssen den Sitz weiter nach vorn schieben und sind damit näher am Lenkrad.

Ein Grund dafür könnte sein, so vermuten manche, dass Crashtest-Dummys in der Regel Männerkörpern nachempfunden sind. »Sierra Sam«, die erste Puppe, die man ab 1949 mit Betonblöcken kollidieren ließ, war mit 1,85 Metern Körpergröße ein Hüne, größer als 95 Prozent aller männlichen Erwachsenen in den USA seinerzeit. Später kam ein Durchschnittstyp hinzu, allerdings ein durchschnittlicher Mann: 1,75 Meter groß und 78 Kilo schwer. Das ist immer noch deutlich größer und schwerer als die durchschnittliche Frau.

Kleinere Dummys gibt es heute zwar, aber sie kommen in Zulassungstests weniger häufig zum Einsatz und sind im Grunde nur kleinere Männer. Weder haben sie Brüste, noch sind sie schwanger. Weder das Becken noch die Nackenmuskulatur wurde angepasst. Als Ende der neunziger Jahre anpassbare Kopfstützen eingeführt wurden, um Schleudertraumata zu verhindern, waren die Effekte für die Männer groß. Frauen brachten sie nichts. Crashtest-Dummys bildeten damals nur verschieden große Menschen ab, nicht aber unterschiedliche Nackenmuskulaturen.

Gender Data Gaps heißt das Problem: Datenlücken, die entstehen, weil nicht zwischen Geschlechtern differenziert wird. Das Thema ist nicht neu. Aber es erhält derzeit wieder sehr viel Aufmerksamkeit durch das Buch *Unsichtbare Frauen* der Autorin Caroline Criado-Perez. Es gibt kaum ein Buch, das man in Berlin so viele, vor allem junge Frauen lesen sieht (auch während ich an diesem Buch schreibe, sitzt auf der Fensterbank gegenüber von meinem Büro eine, die es liest). Criado-Perez' These ist, dass viel zu oft in Datenerhebungen der Mann als Standard angenommen wird. Oft passiert das ohne böse Absicht. Manchmal liegt es einfach daran, dass nur Männer an der Entwicklung eines Produktes arbeiten. Frauen aber bekommen es zu spüren und haben das Gefühl, etwas stimme nicht mit ihnen. Etwa wenn sie in Büros frieren, weil die Standardtemperatur für Büros vor Jahrzehnten festgelegt wurde, anhand des Kälteempfindens von Männern. Oder wenn sie vor öffentlichen Toiletten Schlange stehen müssen, weil die Anzahl der Toiletten anhand der Zeit berechnet wurde, die ein Mann dort braucht. Die Beispiele reichen von den Klaviertasten, die für Männerhände gemacht sind, bis zum Pistolenabzug. Und das sind lediglich die unangenehmen Dinge. Gefährlich wird es, wenn es um Gesundheit und Sicherheit geht.

In der Medizin ist der männliche Körper der Standard. Das beginnt bereits im Studium. Werden in Lehrbüchern »neutrale Körperteile« abgebildet, sollen es häufiger solche von Männern sein, so zumindest eine Untersuchung.[37] Derart weiter geht es im Labor: Bei Tierversuchen werden meist männliche Tiere verwendet, weil man verhindern will, dass der Zyklus der weiblichen die Resultate durcheinanderbringt. »Zykluseffekte werden durch die Wahl männlicher Versuchstiere bewusst ausgeklammert und die so produzierten Substanzen dann aber Frauen mit aktivem Zyklus verabreicht«, schreibt die Medizinerin Vera Regitz-Zagrosek von der Berliner Charité in ihrem Buch *Gendermedizin*.[38] Werden für ein neues Medikament erste klinische Studien durchgeführt, rekrutiert man auch hierfür überwiegend Männer. Lange seien Frauen von Studien in Europa ausgeschlossen worden, so Regitz-Zagrosek. Die Sorge war, dass sie während einer Studie schwanger werden und ihre Kinder Schäden davontragen könnten, wie es bei dem Schlafmittel Contergan geschah. Mittlerweile ist das zwar wieder anders, Frauen sind als Studienteilnehmerinnen vorgeschrieben. Dennoch sind sie immer noch unterrepräsentiert.[39] Das Resultat sind Studienergebnisse mit einer Verzerrung zugunsten von Männern. Frauen nehmen Medikamente, die vor allem an Männern getestet und für sie portioniert wurden.

Richtig gefährlich wird es, wenn tödliche Erkrankungen aufgrund von Gender Data Gaps übersehen werden. Mittlerweile oft thematisiert ist das beim Herzinfarkt. Wie beim Autounfall ist das Risiko, bei einem Herzinfarkt zu sterben, für Frauen höher als für Männer. Auch aufgrund von Datenlücken?

Wie man sich einen Herzinfarkt vorstellt, wird auch geprägt durch Serien und Filme und sieht oft so aus: gestandener Mann, der sich während aufreibender Arbeit plötzlich an die Brust fasst und unter Schmerzen keuchend zusammenbricht. Diesen »Hollywood-Herzinfarkt« erleiden Frauen wie auch Männer. Bei Frauen, so Regitz-Zagrosek, stünden aber oft auch andere Symptome im Vordergrund, etwa Unwohlsein oder Übelkeit, manchmal gar Erbrechen, Schmerzen im Nackenbereich, Kiefer, in Schultern, oberem Rücken, Bauch oder im rechten Brustbereich, Schweiß, Schwindel oder Erschöpfung.[40] Das kann dazu führen, dass Betroffene, Angehörige, aber auch Ärztinnen und Ärzte einen Infarkt bei Frauen eher übersehen.

»Möglicherweise interpretieren Männer und Frauen ähnliche Beschwerden einfach anders. Denkbar ist auch, dass schmerzhemmende Systeme im Hirn der Frau eine Rolle für eine veränderte Wahrnehmung spielen«, so Regitz-Zagrosek. »Es ist erstaunlich, dass wir in der Medizin so wenig darüber wissen, nachdem das Phänomen bereits seit über zehn Jahren bekannt ist.«[41] Criado-Perez drückt es noch drastischer aus: »Frauen sterben, und die Medizin ist mit dafür verantwortlich. Es ist an der Zeit, dass sie aufwacht.«[42]

Paradox ist nur: Frauen sterben nicht. Männer sterben. Und zwar fast an allem, woran man nur sterben kann. In Berichten zum Thema *Gender Health Gap* fällt das oft unter den Tisch. Autounfälle sind für Frauen zwar tödlicher, da hatte Cem Özdemir mit seinem Tweet schon einen Punkt. Aber die Wahrscheinlichkeit, in einen schweren Autounfall zu geraten oder ihn zu verursachen, ist für Männer so viel größer, dass deutlich mehr Männer als Frauen durch Autounfälle ums Leben kommen: Rund 1000 Männer verunglückten 2019 im Auto, im Gegensatz zu rund 400 Frauen. Von den rund 3000 Menschen, die im Straßenverkehr starben, waren drei Viertel Männer beziehungsweise Jungen.[43]

Dieser Geschlechterunterschied gilt für fast jede Todesursache. Ob Kreislauferkrankungen, Krebs, HIV, Suizid, überhaupt Unfälle, Mord und Totschlag oder selbst Corona, fast jede Todesursache verkürzt das Leben von Männern stärker als das von Frauen.[44] Der Unterschied in der Lebenserwartung wurde über das 20. Jahrhundert immer größer, auch wenn er mittlerweile wieder schrumpft. Biologisch lässt er sich kaum erklären.

Der *Gender Age Gap* erstaunt umso mehr, weil man nach allem, was man über Gender Data Gaps weiß, eigentlich das Gegenteil erwarten würde. Zum Beispiel auch beim Herzinfarkt. Er mag eher bei Frauen nicht richtig erkannt oder falsch diagnostiziert werden. Er ist, so wie das Auto, für Frauen also gefährlicher. Trotzdem ist er bei Männern häufiger und nimmt ihnen deutlich mehr Lebensjahre, denn sie erliegen einem Herzinfarkt früher. Das Herzinfarktalter beginnt bei Männern ab 75, bei Frauen erst ab 85. Wenn Frauen einem Herzinfarkt erliegen, sind die Männer oft schon längst gestorben.

Zwei Grafiken verdeutlichen das Problem. Die erste (Abb. 4a) stammt aus einer wegweisenden amerikanischen Studie, die 1998 zum ersten Mal zeigen konnte, dass das Risiko zu versterben vor allem für jüngere Frauen damals deutlich höher war, wenn sie mit einem Herzinfarkt in ein Krankenhaus eingeliefert werden (spätere Studien fanden kaum mehr Unterschiede). Dennoch ist das Risiko, überhaupt einen Herzinfarkt zu erleiden und daran zu sterben, für Männer größer und tritt deutlich früher im Leben auf (Abb. 4b).

Wo (feministische) Linke einen Gender Data Gap zulasten von Frauen sehen, sehen manche Rechte viel zu wenig Daten darüber, wo Männer in dieser Welt benachteiligt sind.

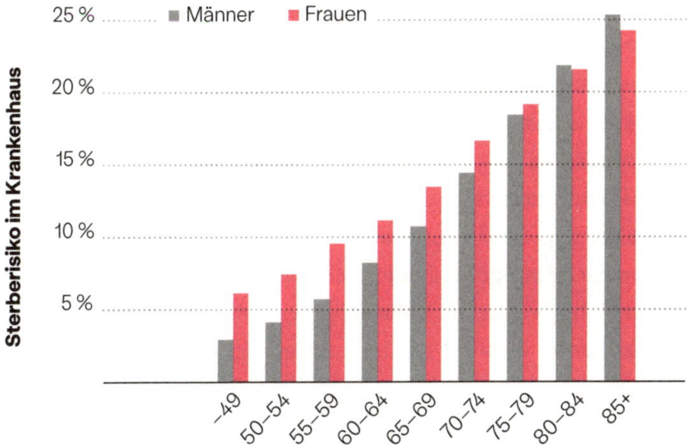

Abb. 4a: Sterberate bei Hospitalisierung wegen Herzinfarkt: Vor allem bei jüngeren Frauen zeigte sich in der Studie ein höheres Sterberisiko als bei gleichaltrigen Männern. Quelle: Vaccarino, 1999.

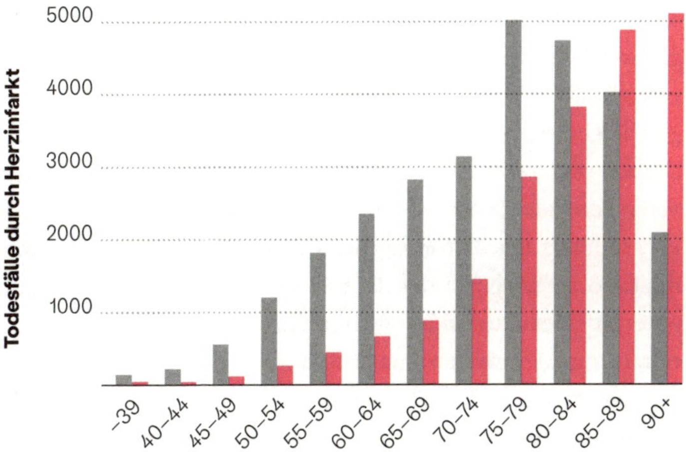

Abb. 4b: Absolute Zahl von Todesfällen durch Herzinfarkt: Männer sterben daran häufiger und vor allem früher. Quelle: Deutscher Herzbericht, 2018.

2021 beantragte die AfD im Bundestag die »Einrichtung eines Stipendiums zur Erforschung von Männerdiskriminierung und Misandrie« (Männerhass). Ziel sollten »empirische Erhebungen zu den strukturellen Benachteiligungen von Männern und Jungen in der deutschen Gesellschaft« sein. Im Blick hatte die AfD beispielsweise die Schulen, wo Jungs konstant schlechtere Leistungen erbringen als Mädchen.[45]

Die Partei ist nicht alleine. Vereine wie MANNdat sammeln beharrlich Zahlen zu Gewalt gegen Männer oder Männerkrankheiten. Was bei den einen der Herzinfarkt ist, ist hier Prostatakrebs, die »gesundheitspolitisch vernachlässigte Krebsart«[46], über die – anders als über Brustkrebs – kaum gesprochen wird. Probe aufs Exempel: Über 2000 Bücher zählt Amazon zum Thema Brustkrebs, zu Prostatakrebs sind es keine 500.

Ob man aus der mangelnden gesellschaftlichen Faszination für die Prostata wirklich eine Vernachlässigung von Männern ableiten kann, lassen wir einmal dahingestellt. Manche dieser Gruppierungen sind auch kaum einen Klick weit entfernt von offener Frauenverachtung. Aber selbst politisch neutrale Organisationen wie das »Bundesforum Männer«, eine Interessenvertretung für Jungen, Väter und Männer, wünschen sich mehr geschlechterspezifische Gesundheitsdaten. »Daten zur Sterblichkeit sind zwar häufig nach Geschlechtern aufgeteilt, aber tiefer gehende Daten meistens nicht«, sagt Thomas Altgeld, Vorsitzender des Forums. »Bei Corona wird weder bei den Impfquoten noch bei den Intensivpatienten nach Geschlecht unterschieden, zumindest nicht mehr in der medialen Berichterstattung. Wir wissen nur aus dem angelsächsischen Raum, dass das Risiko, auf die Intensivstation zu kommen, für Männer dreimal höher ist.«

Die Körper von Frauen stehen unter ständiger medizinischer Beobachtung. »Frauen kritisieren zu Recht diese gesellschaftliche Routine, Mädchen schon bei der ersten Periode zum Frauenarzt zu schicken«, sagt Altgeld. Aber er kritisiert, dass Jungen mit ihrer körperlichen Entwicklung häufig alleine gelassen würden, was später zum Problem werden könne, weil Selbstfürsorge nicht so gelernt würde. Krebs zum Beispiel werde bei Männern in späteren Stadien diagnostiziert. Und wenn dann doch, zeigen Männer oft weniger Therapietreue, halten sich nicht an die ärztlichen Anweisungen. Doch Daten dazu würden nur selten erhoben. Und ein Thema in der Medizin sei es kaum.

Altgeld ist Psychologe, arbeitet also auf einem Gebiet, auf dem eher Frauen die Norm sind. Lange war das zu ihrem Nachteil. Psychisch erkrankte Frauen wurden als hysterisch abgetan und in Kliniken weggesperrt. Dass sich das Fach vor allem um Frauen als Patientinnen drehte, führte aber auch dazu, dass Männer hier bis heute oft übersehen werden. »Die Allgemeine Depressionsskala, ein Fragebogen, mit dem man Depressionen diagnostiziert, ist an weiblichen Symptomen orientiert«, sagt Altgeld. »Die angelsächsische Forschung geht aber inzwischen davon aus, dass auch Aggressivität, Reizbarkeit oder Suchtverhalten Symptome von Depression sein können, die bei Männern viel häufiger auftreten.«

Wir schauen auf Gender Gaps zulasten von Männern anders als auf die von Frauen. Als ich einmal zum Vatertag für die *Zeit* eine Infografikseite zur Lebenserwartung von Männern erstellte, mit Daten zu allem, woran Männer eher sterben, konnten wir es nicht lassen zu schreiben: »Männer feiern am Vatertag gern sich selbst. Man mag es ihnen von Herzen gönnen – vor allem wenn man sich Statistiken zu ihrer Lebenserwartung anschaut.« Manche Leser (ich nehme an, es waren Männer) schienen sichtlich verletzt. »Was für eine bösartige und gehässige Überschrift«, hieß es in einem Kommentar. »So viel Hass und Abschätzung in nur einem Satz«, schrieb ein anderer.[47]

Die Stereotype, warum Männer häufiger an Herzinfarkten und Unfällen sterben, sind schnell zur Hand. Es sind nicht nur Vorurteile. Sie lassen sich alle mit Zahlen belegen. Männer rauchen häufiger und mehr, ernähren sich weniger gesund, haben mehr Übergewicht und meiden Arzttermine. Männer fahren häufiger zu schnell und häufiger betrunken. Der Tag mit den meisten Autounfällen unter Alkoholeinfluss ist natürlich: der Vatertag.[48]

Es gibt mittlerweile ein ganzes Repertoire an Begriffen, um das töricht-tödliche Verhalten von Männern zu beschreiben, mit dem sie sich selbst schaden. »Toxische Männlichkeit« etwa. Oder die *Male Idiot Theory*, die Theorie vom männlichen Idioten. Sie basiert auf einer nicht ganz ernst gemeinten Studie im ansonsten sehr renommierten *British Medical Journal*, die untersuchte, warum Männer so viel häufiger den »Darwin Award« gewinnen, den makaberen Preis für die idiotischste Art zu sterben. 88,7 Prozent aller Darwin Awards gehen an Männer. Die Studienautoren kamen zu dem schlichten Schluss: »Männer sind Idioten, und Idioten tun dumme Dinge.«[49]

In einem der umfassendsten Berichte der Europäischen Union zum gesundheitlichen Zustand ihrer Männer heißt es, dass die Hälfte (!) aller vorzeitigen Todesfälle von Männern vermeidbar seien. Die Gründe dafür, so der Bericht weiter, seien »schlechte Lebensstile und vermeidbare Risikofaktoren«.[50]

Der Unterton: selber schuld.

Aber ist das alles eigene Schuld? Ist das einfach nur Nebenwirkung eines riskanten, aber abenteuerlichen Lebens auf der Überholspur, das man sich als Mann herausnehmen kann? Männer sind einfach sehr viel mehr mit dem Auto unterwegs als Frauen. Sie tun das nicht aus Freude am Fahren, sondern weil sie müssen. Wer im Straßenverkehr in einen Unfall verwickelt wird, dem geschieht dies auch auf dem Weg von und zur Arbeit. Männer machen nicht nur aus Hedonismus gefährliche Dinge, sondern landen auch eher in Berufen mit größerem Gesundheitsrisiko.

Derart tief sind die Gefahren in männlichen Rollenmustern verankert, dass Männer sogar schon früher sterben, wenn sie noch gar keine Männer sind. Bereits Baby-Jungs verunfallen häufiger tödlich als Baby-Mädchen. Und je älter sie werden, desto größer wird der Unterscheid. Auf drei im Verkehr oder in der Freizeit tödlich verunfallte Mädchen kommen fünf Jungs, auf drei zu Hause verunfallte sogar sieben. Jungs treiben mehr Sport, nehmen aber auch Risiken anders wahr und sind risikobereiter, was »in enger Verbindung mit gesellschaftlich konstruierten geschlechtsspezifischen Rollenmustern« stehe.[51]

Doch haben wir mit diesen Daten noch ein ganz anderes Problem. »Männer« und »Frauen« sind sehr große Kategorien. Nach Unterschieden zwischen ihnen zu suchen ist oft wichtig. Aber manchmal ist es eine Rückkehr zu Adam und Eva und zu neuen, alten Stereotypen.

In Berichten über Gender Data Gaps klingt es heute oft so, als hätten Frauen bei einem Herzinfarkt generell andere Symptome als Männer. Tatsächlich ist der angeblich männliche »Hollywood-Infarkt« sowohl bei Männern als auch bei Frauen der häufigste Herzinfarkt. Der symptomarme »Eva-Infarkt« macht etwa ein Drittel aller Herzinfarkte aus. Ihn erleiden ebenfalls beide Geschlechter, nur Frauen etwas häufiger. In erster Linie ist er ein Problem bei Älteren. Selbst Gender-Medizinerin Regitz-Zagrosek sagt mittlerweile, dass der »Eva-Infarkt« von den Medien zuletzt »etwas übertrieben worden« sei.[52]

Es gibt heute auch eine Crashtest-Dummy, die einer durchschnittlichen Frau nachempfunden ist, stärker noch als die bisherigen weiblichen Dummys: 1,66 Meter groß, 62 Kilo schwer, breiteres Becken, schwächere Nackenmuskulatur. Eine gegenderte Crashtest-Dummy, wie *Bild* lästerte. Sie heißt: Eva. Aber ist Eva nicht einfach ein weiterer Durchschnittstyp, ein weiteres Stereotyp im Stil von »Männer sind so, Frauen so«, das mit der Vielfalt der Menschen in einem Auto – dicke, dünne, große, kleine, kräftige, kranke, junge, alte – wenig zu tun hat?

Der Unfallforscher Heiko Johannsen von der Medizinischen Hochschule Hannover ist von der Dummy-Debatte nicht überzeugt. Er sieht durchaus, dass es bei gewissen Verletzungen Geschlechterunterschiede gibt, etwa beim Schleudertrauma. Grund dürfte die schwächere Nackenmuskulatur sein. »Aber die Unterschiede zwischen Jungen und Alten sind viel größer als die zwischen männlich und weiblich«, sagt Johannsen im Gespräch. »Ab 45 Jahren nimmt Verletzbarkeit immer mehr zu. Dieses Thema müssen wir viel eher adressieren.«

Johannsen erzählt, seit das Thema »wie wild« durch die Presse gehe, erhalte er plötzlich wütende E-Mails, was ihm einfalle, nur zu 50 Prozent der Menschen zu forschen. Er hält den Vorwurf für unbegründet und fügt hinzu: »Ich bin größer und schwerer als der Durchschnittsdummy. Ich müsste mir mit der gleichen Begründung die Frage stellen, ob die Schutzeinrichtung meiner Belastung standhält.« Er vertraue da aber auf die Industrie, wo die Entwicklung ohnehin weg gehe von den Puppen und hin zu digitalen Simulationen, die sehr viel verschiedenere Menschen abbilden können, mit unterschiedlich alten Körpern oder anders ausgeprägten Nackenmuskulaturen.

Nur knallt das weder im Boulevard noch auf Twitter

Endlich Nichtraucherin

Wer mit seinem Verhalten für andere das Risiko zu erkranken erhöht, kann in seiner Freiheit eingeschränkt werden. Er oder sie darf zum Beispiel nicht mehr fliegen oder in ein Restaurant. Auch wenn diese Körperverletzung lediglich eine erhöhte Wahrscheinlichkeit ist, verletzt sie das Recht auf körperliche Unversehrtheit der anderen.

Nach zwei Jahren Pandemie sind solche Überlegungen normal geworden in der politischen Diskussion. Sie sind Teil der Frage, welche Rechte Menschen ohne COVID-19-Impfung haben sollen, weil die Wahrscheinlichkeit, dass sie jemand anderem schaden, höher ist als bei Geimpften und weil sie das Gesundheitssystem im Schnitt stärker belasten. Doch diese Corona-Diskussionen, wie viel eigenes Risiko man selbst eingehen können soll und wie sehr man dabei andere gefährden darf, sind nicht so neu, wie sie scheinen. Es gab sie schon einmal: beim Rauchen, einer Art Pandemie, die sich in Zeitlupe vor uns abspielt.

Rauchen kann Lungenkrebs, Herz-Kreislauf- und diverse andere Erkrankungen verursachen. Es muss nicht passieren, aber das Risiko ist enorm. Das Lungenkrebsrisiko beispielsweise ist für einen Raucher über zwanzigmal höher im Vergleich zu einem Nichtraucher. Lungenkrebs ist heute eine der häufigsten Krebsarten, und Rauchen verursacht 85 Prozent seiner Todesfälle.[53] Aber auch Passivrauchen ist schädlich. Mit einer rauchenden Person zusammenzuleben oder zusammenzuarbeiten erhöht das Lungenkrebsrisiko beispielsweise um 20 bis 30 Prozent.[54] Obwohl immer weniger Menschen rauchen, ist das Problem noch lange nicht aus der Welt. Rund 127 000 Menschen starben 2018 in Deutschland an den Folgen des Rauchens, das waren über 13 Prozent aller Todesfälle.[55]

Die Kurven der Zigarettenverkäufe und der Lungenkrebs-Inzidenzen gehören zu den eindrücklichsten der Epidemiologie (Abb. 5). Es sind dicke Rauchwolken, die für immer über dem 20. Jahrhundert hängen werden. Und sie stehen für grundsätzliche Konflikte unserer Zeit: Wissenschaft vs. Wirtschaft, Gesundheit vs. Genuss, Gruppe vs. Individuum.

Ein liberaler Blick auf diese Kurven sieht hier womöglich

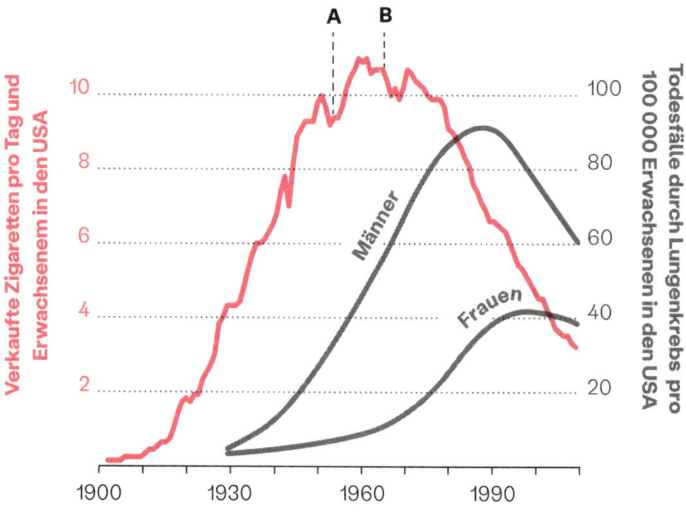

Abb. 5: Entwicklung der Zigarettenverkäufe und Lungenkrebstodesfälle in den USA. Quelle: NCHS und CDC via American Cancer Society sowie International Smoking Statistics via Our World in Data.

eine Frage der Eigenverantwortung. Dass das Leben nun mal gefährlich ist und es an jedem Einzelnen ist zu entscheiden, welcher Genuss einem welches Risiko wert ist. Ob wir Skifahren gehen oder Alkohol trinken, Fleisch essen oder Auto fahren, das geht den Staat alles nichts an, und er sollte es weder verbieten noch besteuern. »Meine Lunge gehört mir!«, brachte es 2007 ein Meinungsartikel bei der Deutschen Welle gegen das Rauchverbot auf den Punkt.[56]

Ein wirtschaftskritischer Blick auf die Kurven sieht das Werk einer großen Manipulation. Dass Rauchen Lungenkrebs verursacht, belegten solide Studien bereits in den fünfziger Jahren, manche sogar noch früher. Aber eine ruchlose Tabakindustrie versuchte mit perfiden Marketingtricks und gekaufter Pseudowissenschaft, die Öffentlichkeit zu verwirren und gesetzliche Einschränkungen jahrzehntelang zu verzögern. So wie im satirischen Filmklassiker *Thank You for Smoking* beschrieben, in dem schmierige Lobbyisten Zweifel an wissenschaftlichen Erkenntnissen streuen, um das Geschäft der Tabakindustrie in Gang zu halten.

Ein grüner Blick sieht in diesen Kurven eine große Parallele zur Klimadebatte: Immer wieder werden in Bezug auf die Energiewende Vergleiche zur Diskussion um Zigaretten gezogen. »Jahrzehnte bevor die Energiewirtschaft versuchte, die Klimadebatte zu unterwandern, benutzten Zigarettenhersteller die gleichen Techniken, um die Verbindungen zwischen Rauchen und Lungenkrebs infrage zu stellen«, war etwa bei BBC News zu lesen.[57]

»Zweifel ist unser Produkt«, hieß es 1969 in einem berühmt-berüchtigten Dokument eines Tabakherstellers. Wie eine »neue Marke« sollte der Zweifel verkauft werden. Und das war der Tabakindustrie einiges wert: Mehr als 300 Millionen Dollar investierte sie in pseudowissenschaftliche Forschung, die Kontroversen simulieren sollte, wo längst medizinische Gewissheit herrschte.[58] Warnungen auf Zigarettenpackungen, Werbeverbote, Tabaksteuern und Rauchverbote wurden so um Jahre und Jahrzehnte hinausgeschoben.

Die Kurven erzählen aber noch eine andere, weniger offensichtliche Geschichte. Eine, bei der am Ende nicht mehr klar ist, wer links, wer liberal, wer wirtschaftskritisch und wer wirtschaftsnah ist. Es ist aber auch eine faszinierende Geschichte, die zeigt, wie Epidemiologie und Statistik unser Leben verändert haben.

Zigaretten waren ein Sinnbild für den Aufbruch und die Wirtschaftswunderjahre nach dem Zweiten Weltkrieg. Lange hatten sie als Laster von sozialen Außenseitern gegolten. Nun symbolisierten sie Hollywoodglamour. In James Deans Mund hing die Zigarette immer so lässig, als gälte für sie keine Schwerkraft. In Deutschland hatte das eine doppelte Anziehung: Hitler war ein glühender Nichtraucher (beziehungsweise Ex-Raucher), der Rauchen als »Rassengift« verdammt hatte.[59] Als nach dem Zweiten Weltkrieg britische und US-amerikanische Gesundheitsbehörden beunruhigt feststellten, dass immer mehr Menschen an Lungenkrebs starben (siehe Abb. 5, die Zigarettenkonsum und Lungenkrebs-Inzidenzen in den USA zeigt, wo es einfacher ist, lange Zeitreihen nachzuzeichnen als im historisch fragmentierten Deutschland), verdächtigte kaum jemand das Rauchen. Es war einfach zu normal. In den USA rauchten 1955 mehr als die Hälfte der Männer und ein Viertel der Frauen.[60] Außerdem war es bislang vor allem die von Hitler finanzierte Forschung, die insistiert hatte, dass Rauchen Lungenkrebs verursachte. Sie galt als Nazi-Propaganda.

Mit allen möglichen Erklärungen fuhren die Experten auf, zum Beispiel: Weil die Fallzahlen vor allem in den Städten stiegen, könnte die Ursache die Luftverschmutzung sein. Die Vermutung war nicht abseitig, wir sprechen immerhin von einer Zeit, in der man zuweilen das Auto stehen lassen musste, weil man den Straßenrand nicht mehr sah. Oder war es die Sonne beziehungsweise der Mangel daran? Also der Nebel? Oder Röntgenstrahlen? Oder einfach die Grippe? Gegen das Rauchen sprach, dass Zigaretten oft nur die Pfeifen ersetzten; der Tabakkonsum hatte im Schnitt nur wenig zugenommen. Dass Zigaretten viel gefährlicher sein sollten, schien um 1950 wenig plausibel.[61]

Selbst die beiden britischen Medizinstatistiker Richard Doll und Bradford Hill von der London School of Hygiene and Tropical Medicine, die der schleichenden Lungenkrebsepidemie auf den Grund gehen sollten, waren Raucher. Hill und Doll machten also das, was aus heutiger Sicht naheliegend ist: Sie befragten Krebspatienten in Krankenhäusern nach ihren Lebensgewohnheiten. Solche Fall-Kontroll-Studien waren noch selten, und dass die Befragung überhaupt einen medizinischen Nutzen haben könnte, daran gab es Zweifel.

Dass Infektionskrankheiten wie Cholera eine Ursache wie verunreinigtes Trinkwasser haben kann, die man ermitteln und eliminieren kann, haben wir bereits im ersten Kapitel gesehen. Diese Idee war alt. Aber dass auch chronische Krankheiten wie Krebs eine Art »Überträger« haben könnten, galt als »Unfug«, schreibt der Mediziner Siddhartha Mukherjee in *Der König aller Krankheiten*, seinem monumentalen Werk über Krebs.[62] Präventiv verhindern ließ er sich nicht, so die Meinung jener Zeit. Man konnte nur versuchen, ihn zu heilen (und wie wir ebenfalls im ersten Kapitel gesehen haben, war die heilende Medizin bis Mitte des 20. Jahrhunderts nicht sonderlich erfolgreich).

Die Patienteninterviews sprachen bald schon eine ganz andere Sprache. Zigarettenrauchen stach bei den Lungenkrebspatienten so sehr heraus, dass die Mediziner Hill und Doll selbst sofort mit dem Rauchen aufhörten. 1950 veröffentlichten sie ihre bahnbrechende Studie.

Und dann passierte: nichts.

Weder die Politik noch die Wissenschaft war von den Resultaten überzeugt. Manche Einwände gegen die Studie waren nicht von der Hand zu weisen. Hill und Doll kämpften zum Beispiel mit dem Problem, dass sich die Diagnosen, die die Patientinnen und Patienten erhielten, ständig änderten. Außerdem bestand bei rückblickenden Befragungen immer die Gefahr, dass sich die Interviewten womöglich falsch erinnerten – oder falsch erinnern wollten. Es waren Menschen, die im Sterben lagen, und womöglich nach einem Grund für ihr Schicksal suchten.

Sie hätten also »Belege anderer Art« gebraucht, um ernst genommen zu werden, schrieb Doll einmal rückblickend.[63] Also verlegten sie ihren Ansatzpunkt ein ganzes Stück weiter nach vorne: Sie wollten nicht mehr Erkrankte befragen, sondern Menschen über Jahre begleiten und im Zuge dessen prognostizieren, wer an Lungenkrebs sterben würde.

Der Zufall half diesem Langzeit-Experiment im echten Leben auf die Sprünge. England verstaatlichte das Gesundheitswesen, wobei unter anderem ein neues Register für Ärztinnen und Ärzte entstand, dem auch Tod und Todesursache eines Mediziners gemeldet werden mussten. Hill und Doll verschickten also einen kurzen Fragebogen und fragten die Mediziner, ob und wie viel sie rauchten.

Die meisten antworteten.

Die meisten rauchten.

Nun tickte die Uhr.

Die beiden Epidemiologen gingen zurück zu ihrer üblichen

Arbeit und warteten ab, Todesfall um Todesfall, wie in einem viele Jahre dauernden Horrorfilm, bei dem ständig vorherzusehen versucht wird, wer als Nächstes stirbt.

Die »British Doctors Study« wurde ein Meilenstein in der Epidemiologie. Ich habe jedes Mal Gänsehaut, wenn ich das Paper mit seinen Diagrammen und Tabellen sehe. Es ist nicht nur eine der elegantesten Anwendungen von Statistik, die eine unsichtbare Gefahr sichtbar machte. Sie erzählt auch eine Geschichte, denn es ging um nichts ahnende Ärztinnen und Ärzte, nicht um Krebspatienten, die mit ihrem Schicksal haderten. Nicht um Menschen, die in ungesunden Städten lebten oder sich sonst was antaten, sondern um angesehene, gut situierten Leute, auf deren medizinischen Rat Menschen vertrauten und die Firmen wie Camel sogar für ihre Werbung benutzt hatten, weil Ärztinnen und Ärzte angeblich lieber zu den Zigaretten mit dem Kamel griffen als zu anderen. Selbst diese Menschen starben an Lungenkrebs.

Und dann passierte: ein bisschen was.

Die Studien von Hill und Doll und einiger anderer führten zu dem heute berühmten *Frank Statement to Cigarette Smokers* von 1954 – der »Ehrlichen Nachricht an Zigarettenraucher« –, einem ganzseitigen Inserat der Tabakindustrie in hunderten US-amerikanischen Zeitungen.[64] Es gebe »viele mögliche Ursachen für Lungenkrebs«, so das Statement, für Zigaretten aber keinen Beleg. »Statistiken, die eine Verbindung zwischen Zigarettenrauchen und der Krankheit behaupten, könnten mit gleicher Stärke auf jeden der vielen Aspekte des modernen Lebens angewandt werden.« Aber man nehme die Sache trotzdem sehr ernst und werde selbst in Forschung investieren.

Mitte der fünfziger Jahre zeigten bereits über ein Dutzend statistische Studien, dass Rauchen Lungenkrebs verursacht. Medien berichteten. Geglaubt wurde den Studien laut Umfragen von fast der Hälfte der US-amerikanischen Bevölkerung.[65] Aber dem Konsum tat es nur einen kurzzeitigen Abbruch (siehe Abb. 5, Punkt A). Im Gegenteil: Bald schon erreichte er einen neuen Höchststand.

Es dauerte weitere zehn Jahre, bis die Politik die Reißleine zog. Ein Bericht der US-Gesundheitsbehörde sollte endlich Klarheit schaffen. So wissenschaftlich ausgewogen wie möglich sollte er sein. Also wurden 150 Fachleute rekrutiert, wobei Interessengruppen jede Person aus beliebigem Grund wieder abwählen konnten. Von den verbleibenden zehn Komiteemitgliedern sollten fünf Raucher und fünf Nichtraucher sein. Man wollte sich keinerlei Voreingenommenheit vorwerfen lassen. Trotzdem hätte das Ergebnis kaum dramatischer ausfallen können. Der 400 Seiten starke Bericht schloss damit, dass Raucher ein im Schnitt neun- bis zehnmal größeres Risiko für Lungenkrebs hatten, starke Raucher sogar ein zwanzigmal größeres (ziemlich genau das, was wir auch heute wissen). An chronischer Bronchitis waren in den meisten Fällen Zigaretten schuld. Die Pressekonferenz 1964 wurde extra auf einen Samstag gelegt, nach Börsenschluss, weil man einen Börsencrash durch den Kurssturz der Tabakaktien befürchtete.[66]

Doch die Sorge (oder Hoffnung) war umsonst: Die Zigarettenverkäufe brachen nur kurz ein und erholten sich wieder (siehe Abb. 5 Punkt B).

Die Geschichte des Rauchens handelt auch von einem neuen Verhältnis zum Medium Statistik. Es gab wohl nur wenige wie die Medizinstatistiker Hill und Doll, die nur eine einzige Zahl sehen mussten und sofort das Rauchen aufgaben. Im Gegenteil: Es herrschte ein großes Unbehagen gegenüber dieser neuen Zahlenwelt, die Unsichtbares sichtbar machen wollte.

Im selben Jahr wie das *Frank Statement to Cigarette Smokers* war auch ein Buch erschienen, von dem sich schnell Millionen weltweit verkaufen sollten und das ein ganzes Genre von Büchern und heute YouTube-Filmen begründete: *Wie lügt man mit Statistik* von Darrell Huff (Originaltitel: *How to Lie with Statistics*). Huff war kein Statistiker, sondern Journalist. Unterhaltsam beschrieb er in seinem Buch all die kleinen und großen Tricks, um mit Statistik die Wahrheit zu verbiegen. Eines seiner Themen war das Bonmot »correlation does not imply causation« – nur weil zwei Dinge gemeinsam auftreten (korrelieren), heißt das nicht, dass das eine das andere verursacht. Die Kausalität könnte auch von einem dritten Faktor ausgehen. Dann wäre also nur eine Scheinkorrelation gegeben (die aber eigentlich Scheinkausalität heißen müsste). Wie die berühmte Geschichte, dass umso mehr Babys in einem Landkreis geboren werden, je mehr Störche es dort gibt.

»Die geheime Sprache der Statistik, so anziehend sie in einer faktenbasierten Kultur auch ist, wird zum Aufbauschen, Übertreiben, Verwirren und Vereinfachen verwendet«, raunte Huff.[67] Es war genau das, was die Tabakunternehmen Mitte der fünfziger Jahre hören wollten. Sie heuerten also den Journalisten Huff höchstpersönlich an, erst ein Pamphlet über den Bericht der Gesundheitsbehörde und dann sogar ein ganzes Buch zu schreiben: *How to Lie with Smoking Statistics*, um die wissenschaftlichen Studien übers Rauchen zu diskreditieren.

Das Buch ist am Ende nie erschienen, aber das Manuskript fand später infolge der Prozesse gegen die Tabakindustrie doch noch den Weg an die Öffentlichkeit.[68] Ein beliebtes Thema darin waren besagte Korrelationen. Woher konnte man wissen, dass wirklich das Rauchen eine Krankheit auslöste? Womöglich rauchten kranke Menschen mehr, um sich Erleichterung zu verschaffen? Oder Leute, die nicht rauchten, waren ganz besonders gesundheitsbewusst? Oder es gab eine genetische Veranlagung sowohl fürs Rauchen als auch für Lungenkrebs?

Renommierte Statistiker schauten mit Skepsis auf die Raucherstudien. Und fairerweise, muss man sagen, war dieses Unbehagen nicht unbegründet. In einer Welt, in der bis heute immer mehr vermessen wird, läuft man Gefahr, Zusammenhänge zu vermuten, wo keine sind. Es braucht mehr als nur das gemeinsame Auftreten von Ereignissen. Zum Beispiel eine These für einen plausiblen Zusammenhang. Oder dass auch die Intensität einen Einfluss hat, in diesem Fall also, dass stärkeres Rauchen zu höherem Risiko führt. Bei aller berechtigten Skepsis: Zur Wahrheit gehört auch, dass das, was Hill, Doll & Co. angeführt hatten, auch genau so war.

Doch so wenig, wie man qualmenden Tabak zurück in die Zigarette kriegt, so wenig kriegt man Daten wieder aus der Welt. Das statistische Verwirrspiel funktionierte nur für kurze Zeit. Kampagnen gegen das Rauchen liefen mit Slogans wie »100 000 Ärzte haben aufgehört zu rauchen. (Vielleicht wussten sie etwas, was Sie nicht wissen.)«. Die Erkenntnis, dass Rauchen Lungenkrebs verursachen kann, setzte sich langsam durch.[69]

Der Tabakindustrie kam aber auch das nicht gänzlich ungelegen. Trotz allem rauchte noch immer ein Drittel der US-Amerikaner, und in Deutschland dauerte der Umschwung sogar noch länger. Der Genuss war den Rauchern das Risiko offenbar wert. Rauchen war jetzt eine individuelle Entscheidung. Warum sollte ein Staat das Recht haben, über Genuss und Gesundheit des Einzelnen zu bestimmen?

Anti-Tabak-Aktivismus brauchte in den sechziger Jahren eine neue Strategie. Sie war verblüffend einfach: Anstatt auf den Schutz der Gesundheit der Raucher zu pochen, forderte man das Recht der Nichtraucher auf Rauchfreiheit. Sarah Milov, Historikerin an der University of Virginia, nennt es »die Erfindung des Nichtrauchers«. Dieser Schachzug sollte nun endlich den Kampf gegen Zigaretten entscheiden. Ein heute berühmtes Plakat brachte es auf den Punkt: »Macht es Ihnen etwas aus, wenn ich rauche?«, fragt ein elegant gekleideter Mann eine Frau neben sich. »Stört es Sie, wenn ich sterbe?«, antwortet diese. Das saß. Wissenschaftliche Belege, dass Passivrauchen tatsächlich der Gesundheit schadet, gab es zwar noch nicht – diese Studien erschienen erst zehn Jahre später –, daher argumentierte man vorerst mit den Rechten von Allergikern.[70]

Vor allem in den USA sahen sich Menschen, die nicht rauchten, als eine weitere von vielen neuen Bürgerrechtsbewegungen jener Zeit. Schwarze, Latinos, Indigene, Frauen und Homosexuelle kämpften um ihre Rechte. Als unterdrückte Minderheit, deren Leben von der (rauchenden) Mehrheitsgesellschaft gefährdet wird, sahen sich auch die Nichtraucherinnen. Nicht zu rauchen wurde zu einer Identität. Nur dass sich die Nichtraucherbewegung vor allem aus Frauen der weißen US-amerikanischen Mittelschicht rekrutierte.[71]

»Ressentiment war eine prägende Emotion der 1970er, und Antiraucher-Aktivisten kultivierten sie«, schreibt Milov in ihrem eindrücklichen Buch *The Cigarette*.[72] Der Raucher wurde vom Opfer zum Täter, der andere physisch angriff mit seinen Zigaretten und Menschen daran hinderte, am öffentlichen Leben teilzunehmen.[73] Immer mehr Orte wurden seither erstritten, an denen nicht mehr geraucht werden durfte: Busse, Züge, Flugzeuge, Theater, Kinos, Restaurants.

Zum gesundheitlichen Argument kam ein finanzielles. Die Anti-Tabak-Bewegung übernahm eine neuartige Strategie aus der Umweltbewegung: Kosten berechnen. Horrende Kosten. Verminderte Produktivität durch ständiges Rauchen und Fehltage durch Erkrankungen würden die USA jedes Jahr 12 bis 18 Milliarden Dollar kosten, so eine Erhebung. Eine Arbeitskraft, die nicht rauche, erledige das Gleiche wie zweieinhalb

Rauchende, rechneten Aktivisten vor.[74] »Was als Kampf für Nichtraucherrechte begann, endete als aktuarische Fingerübung im Berechnen der Kosten von Rauchern«, so Milov.[75]

Eine neue Politik mit Statistik begann. Versicherungen boten Rabatte für Nichtraucher an – obwohl keineswegs klar war, wer nun wen finanziert, wenn Raucher früher sterben und damit die Rentenkasse entlasten.[76] Was als Konsumentenschutz angefangen hatte, endete in makabren Berechnungen, wie hoch der Wert eines Mensch zu veranschlagen sei. Der Raucher wurde vom Opfer zum Täter und der Nichtraucher ein neuer, tugendhafter Bürger, der sich auch noch rentiert. Rauchen war kein Statussymbol mehr. Im Gegenteil: Nicht zu rauchen war jetzt ein Zeichen von Willenskraft und Rentabilität.

Das deutsche Umfrageinstitut Allensbach schreibt, dass in den fünfziger Jahren Raucher und Nichtraucher noch als gleichermaßen tüchtig und sympathisch gegolten hätten. 1970 überholte der Nichtraucher den Raucher in Sachen Sympathie; Ende der achtziger Jahre galt er sogar beruflich als erfolgreicher.[77] Auch die Wirtschaft liebte diesen neuen, nichtrauchenden Tugendmenschen. Unternehmen führten Rauchverbote ein.[78] Manche Berufe konnte man faktisch nur noch ausüben, wenn man nicht rauchte.

Doch eine Gruppe wurde dabei stets übersehen: Leute, die wenig verdienten. Sie rauchten über die Jahrzehnte praktisch unverändert weiter (siehe Abb. 6), obwohl Tabaksteuern für sie schmerzhafter waren und eigentlich stärker hätten wirken müssen. Das Phänomen sehen wir hierzulande genauso wie in den USA. Unter Leuten mit Abitur sind heute in Deutschland noch rund 20 Prozent Raucher, unter solchen ohne Schulabschluss sind es doppelt so viele.[79] Experten spekulieren darüber, wie es dazu kommen konnte. Von »schwierigeren

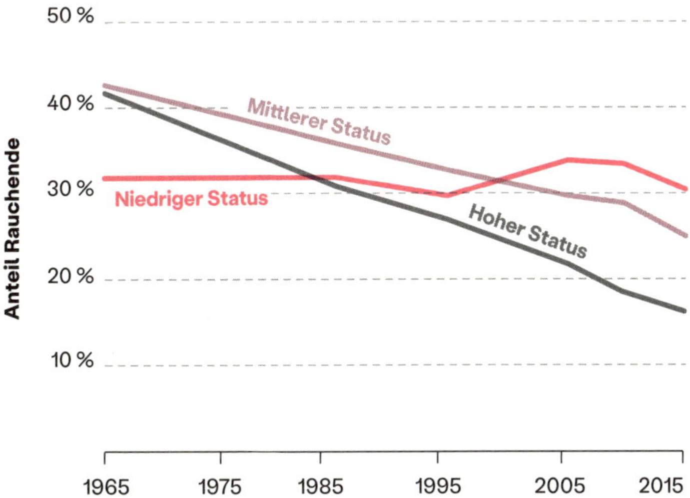

Abb. 6: Rauchende in der deutschen Bevölkerung ab 14 Jahren nach sozioökonomischem Status (bis 1985 Westdeutschland). Quelle: Institut für Demoskopie Allensbach.

Lebenslagen« bei Menschen mit niedrigem Einkommen und dem damit verbundenen Stress ist die Rede. Oder dass die Erkenntnisse aus der Wissenschaft nicht gut genug in der Lebenswelt von Menschen mit niedrigem Einkommen kommuniziert werden.[80] »Hinzu kommt aber auch, dass Ärmere weniger Ressourcen haben für Entwöhnungstherapien, die nicht von der Kasse bezahlt werden«, sagt Suchtforscher Daniel Kotz vom Universitätsklinikum Düsseldorf im Gespräch.

Das Rauchen verschwand aus dem medialen Blickfeld, kaum war es aus der Lebenswelt der Mittel- und Oberschicht verschwunden, ihren Büros, Restaurants, den Flugzeugen, der Bahn.

Als ich dieses Kapitel überarbeitete, lief – wie eingangs erwähnt – eine Diskussion, die einige Parallelen mit der Raucherdebatte hatte, bei der es sich aber nicht so einfach ignorieren ließ, wenn eine Gruppe nicht mitmachte: die Corona-Impfung zum Schutz für einen selbst und andere.

Wer die »Impfverweigerer« waren, war medial schnell entschieden. Die Gruppen passten in die politischen Gräben, die lange vor der Pandemie schon existierten. Verschwörungstheoretiker, die glaubten, die Pandemie sei eine »Plandemie« zur Reduzierung der Menschheit, Esoteriker und Anthroposophen, die Impfungen grundsätzlich ablehnten und sich auch sonst lieber auf Homöopathie verließen, oder AfD-Anhänger, die nichts von der deutschen Politik hielten, ob in Bezug auf Corona oder irgendwas. Das war alles nicht falsch. Bloß stimmten diese Bilder einfach nicht ganz mit Umfragen überein. Die Max-Planck-Gesellschaft befragte Menschen in ganz Europa zum Thema Impfbereitschaft und stellte fest, dass es die »wirtschaftliche Situation« sei, die einen wesentlichen Einfluss auf die Impfbereitschaft habe. »Nahezu 30 Prozent der Personen, die angaben, nur ›mit großen Schwierigkeiten‹ über die Runden zu kommen, waren unentschlossen oder lehnten die Impfung ab, während es bei denjenigen, die angaben, ›leicht‹ über die Runden zu kommen, nur 7,8 Prozent waren«, schreibt die Forschungseinrichtung.[81]

»Klassische« Impfgegner, die Impfungen generell ablehnen, seien nur »sehr wenige Nichtgeimpfte«, resümierte auch das Meinungsforschungsinstitut Forsa, das im Auftrag des Gesundheitsministeriums in Deutschland Leute befragte, die sich noch nicht hatten impfen lassen. Stattdessen seien es Menschen, die der Wirkung und den Nebenwirkungen der – noch neuen – Impfstoffe misstrauten und die sähen, dass auch Geimpfte erkranken oder andere anstecken können. Druck – sei es durch gesellschaftliche Ablehnung, Einschränkungen der Freizeit oder Ähnliches – würde sich den Befragten zufolge nur negativ auf ihre Impfbereitschaft auswirken.[82]

Man kann daraus einen Mangel an Information und Vertrauen in die Wissenschaft lesen. Man kann es aber auch als Mangel an Vertrauen in eine Gesellschaft lesen, von der man, wenn man arm ist, ohnehin nie viel erhalten hat und deren Druck man sich nicht beugen möchte. Im Zweifel vertraut man dann Freuden und Nachbarn mehr, auf die man sich auch sonst verlassen kann. Und der Statistik, die mit ihren Kategorien nur politische Diskussionen abbildet, fällt das nicht einmal auf.

Heil- oder Unheilpflanze?

Drogen sind wie Diagramme: Je nach politischem Standpunkt sieht man im gleichen Rausch etwas völlig anderes. Und keine Droge polarisiert so sehr wie Cannabis.

Für viele Grüne und Linke scheint der Joint fast so etwas wie ein Stück politische Heimat. Ein relativ harmloses Vergnügen, das die Menschen entspannt und friedlich macht, aber von konservativen Politikern zur Beschäftigungstherapie für Polizei und Justiz gemacht wurde, die seither unbescholtene Jugendliche kriminalisieren.

Konservative hingegen sehen in Haschisch beziehungsweise Marihuana eine gefährliche Einstiegsdroge, die Teenager gleichgültig und verantwortungslos macht, zu Schulabbruch und Autounfällen führt und später womöglich sogar schwere psychische Erkrankungen wie Schizophrenie und damit Gewalt verursacht.

Die Ampel-Koalition will nun Cannabis vollständig legalisieren. In der Bevölkerung gab es dafür allerdings, nüchtern betrachtet, keine Mehrheit. Die Zustimmung war zwar gestiegen, stagnierte dann aber unterhalb der magischen 50-Prozent-Grenze. Erst nach der Wahl stieg die Zahl jener, die eher dafür sind, auf zumindest 49 Prozent und jene dagegen sank auf 46. Die Gesellschaft ist in der Frage gespalten. Wer die

Grünen oder die Linkspartei wählt, ist überwiegend dafür. Wer CDU / CSU wählt, ist meist dagegen. Liberale und AfD-Wähler sind in der Frage gespalten, möglicherweise weil sie jünger sind als Christdemokraten. Allerdings sind auch Sozialdemokraten uneins, die nicht gerade im Verdacht stehen, eine verkappte Jugendbewegung zu sein.[83]

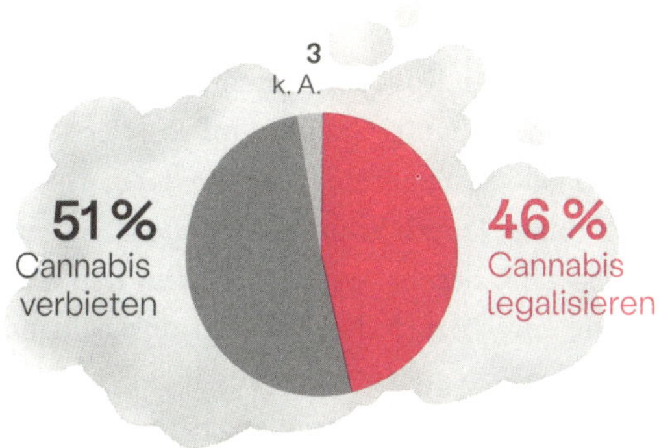

Abb. 7: Zustimmung zur oder Ablehnung der Aussage »Cannabis sollte für Volljährige legal und reguliert erhältlich sein«. Quelle: Infratest dimap im Auftrag des Deutschen Hanfverbands, 2020.

Es geht beim Cannabisverbot natürlich um mehr als nur Hasch und Marihuana. So sieht es etwa der Deutsche Hanfverband, wenn er schreibt, dass die Verschärfungen der Drogengesetze teilweise eine »Gegenreaktion zur Gesellschaftskritik« der 68er gewesen seien.[84] Anders ausgedrückt: Weil Hippies gern kifften und dabei die Politik von Richard Nixon und die autoritäre Gesellschaft kritisierten, riss der konservative Präsident einen *War on Drugs* – einen »Krieg gegen Drogen« – vom Zaun, dem sich der Rest der westlichen Welt anschließen musste. Nicht der Hanf war sein Ziel, sondern die Hippies.

Wenn die Grünen heute also eine »faktenbasierte Drogenpolitik« fordern, dann darf man das auch als Bitte verstehen, politische Antipathien außen vor und einfach die Fakten sprechen zu lassen. Cannabis sei zwar »nicht harmlos«, aber ob es zu psychischen Erkrankungen führe, sei »wissenschaftlich umstritten«. Deshalb soll ein legaler Verkauf nur an über Achtzehnjährige erfolgen, bei denen das psychische Risiko kleiner sei. Ein legaler Verkauf soll außerdem sicherstellen, dass Konsumenten keine gesundheitlichen Schäden durch verunreinigtes Gras erleiden.[85]

Im Übrigen sei der Konsum ohnehin unabhängig von der Rechtslage in einem Land: Gekifft wird so oder so. Die Strafverfolgung sei jedoch teuer und führe nur dazu, dass Menschen oft schon in jungen Jahren kriminalisiert werden.

Das Problem mit den Fakten zum Thema Cannabis ist nur: Lässt man sie sprechen, reden sie wild durcheinander. Man kann den Cannabisgegnern jedenfalls nicht vorwerfen, dass ihre Ablehnung faktenfrei sei. 2019 erschien eine vom Bundesministerium für Gesundheit geförderte wissenschaftliche Bestandsaufnahme aller Risiken und Potenziale von Cannabis. Es handelt sich um eine Zusammenfassung von Studien, die Studien zum Thema Cannabis zusammenfassen. Also ein Destillat von allem, was man über Cannabis und seine Wirkungen heute weiß. 500 Seiten dick ist die Studie aller Studien *Cannabis: Potenzial und Risiko.*[86]

Eine Entwarnung wurde der Bericht nicht. So stellten Studien »konsistent höhere Schulabbruchraten und niedrigere universitäre Aufnahmequoten […] in Zusammenhang mit jugendlichem Cannabiskonsum« fest.[87] Auch ist die Gefahr umso größer, je früher Jugendliche zu kiffen beginnen und je mehr sie konsumieren. »Cannabis hat einen Effekt auf die Kognition, das ist unbestritten«, sagt Eva Hoch von der LMU München, eine der Autorinnen des Berichts. »Man kann sich nicht mehr konzentrieren, die Lernfähigkeit ist eingeschränkt, das Gedächtnis beeinträchtigt. Wer bekifft im Unterricht sitzt, kann dem Stoff nicht folgen.«

Schulabbruch könne natürlich immer viele Ursachen haben: ADHS, Intelligenz, Krisen im Elternhaus oder Ähnliches. »Außerdem werden Drogen oft zusammen konsumiert, was es nicht immer einfach macht zu erkennen, welchen Einfluss Cannabis hatte«, so Hoch. Solche Faktoren versucht man in Studien statistisch herauszurechnen. Einen Beweis für die Kausalität zwischen Cannabis und Schulversagen gebe es zwar noch nicht, aber die Befunde aus den vielen guten Studien mit über 10 000 Personen seien »konsistent, vertrauenswürdig und überzeugend«, heißt es im Bericht. Es seien die am besten untersuchten psychosozialen Folgen.

Ein ähnliches Bild zeigt sich bei den psychotischen Störungen, die je nach Konsum bis zu dreimal häufiger auftreten.[88] Auch ist Cannabiskonsum keineswegs so friedlich wie sein Ruf. »Gewalttätigkeit ist zwar bei Alkohol ein viel größeres Problem, tritt aber in kleinerem Maße auch bei Cannabiskonsum verstärkt auf«, erklärt Hoch.

Ein Mindestalter kann all diese Gefahren verringern. Aber wie verhindert werden soll, dass Achtzehnjährige ihren legal erworbenen Joint an ihre siebzehnjährigen Freunde weiterreichen, dürfte niemandem so recht klar sein. Es ist ein Abwägen: Schulabbruch oder Schizophrenie sind zwar selten, aber für die Betroffenen äußerst schwerwiegend. Das Verbot von Cannabis kostet viel Geld für Justiz und Polizei. Therapien allerdings auch.

Was aber, wenn man in Cannabis etwas ganz anderes sehen könnte als nur die Gefahren? Was, wenn es neben den warnenden Fakten auch noch andere Fakten geben würde?

Alternative Fakten!

Herzlich willkommen: medizinisches Marihuana.

Dass Marihuana *medizinischen* Nutzen haben könnte, war eigentlich nie ein Thema. Cannabis war früher einfach eine milde Droge. Und wenn sich die Wissenschaft mit ihr beschäftigte, dann vor allem mit ihren negativen Auswirkungen. In den achtziger Jahren erschienen dann vereinzelte kleine Studien, dass Cannabis gegen Epilepsie, Übelkeit bei Chemotherapie oder bei der AIDS-Behandlung helfen könnte. Die Resultate waren vage und medizinisch kaum von Bedeutung.[89] Aber politisch waren sie Gold wert.

Legalisierungslobbyisten in den USA konnten die Cannabisfrage jetzt ganz neu stellen. In Kalifornien lancierten sie eine Volksinitiative zur Legalisierung von »medizischem Marihuana«. Parallel dazu gaben sie nationale Meinungsumfragen in Auftrag, um herauszufinden, ob die Initiative in der Bevölkerung Zustimmung für ihre Sache wecken könnte.[90] Sinngemäß wurden die Leute gefragt: Mag ja sein, dass Sie gegen Marihuana sind, aber wären Sie für die Legalisierung von »medizinischem Marihuana«? Worum es sich bei diesem medizinischen Marihuana genau handeln sollte, blieb diffus. Die Studien sollten erst später nachgeliefert werden.

Dass die Idee von »medizinischem Marihuana« in den Meinungsumfragen gut ankam, soll dann selbst die Legalisierungsaktivisten erstaunt haben. Prominente Förderer progressiver Politik wie der Investor George Soros sprangen auf das Thema auf. Mehrere Hunderttausend Dollar soll er allein für die Initiative in Kalifornien gespendet haben – mit 15 Millionen Dollar finanzierte er generell die politische Arbeit zur Liberalisierung der Drogenpolitik.[91] 1996 kam die Initiative vors kalifornische Volk – und gewann.[92]

»Cannabis als Medizin führte zu einem Imagewandel«, sagt Hoch. »Pharmakologisch hat Cannabis ganz unterschiedliche Effekte auf das Gehirn. Diese Differenzierung kam nun auch in der Bevölkerung an und veränderte den Blick.« Mögliche medizinische Effekte, auf die einige schon lange schworen, habe man viele Jahre nicht ernst genommen. Durch die Arbeit von Legalisierungsaktivisten wurden sie nun erforscht.

Positive Wirkungen werden Cannabis heute für alles Mögliche nachgesagt. In einer Liste des Deutschen Hanfverbands taucht von A wie ADHS bis Z wie Zwangsstörung fast alles auf, worunter Menschen heute leiden: Appetitlosigkeit und Asthma, Borderline und Borreliose, Reizdarm und Rheuma, Schlafstörungen und Schmerzen.[93] Waren in den achtziger Jahren nur vereinzelte Studien zu »medical marijuana« erschienen, explodierte die Zahl in den letzten zehn Jahren.[94] Durch die Studien konnte man in Cannabis plötzlich etwas ganz anderes sehen. Wer vormals eine gefährliche Droge sah, sah nun plötzlich auch ein Heilmittel. Im Grunde ermöglichten die vielen Studien eine neue Güterabwägung: Cannabis kann zwar bei Menschen psychische Störungen verursachen, dafür gibt es klare Hinweise, aber kann es womöglich auch Menschen aus psychischen Störungen heraushelfen? Und wer bislang nur die Folgekosten für die Wirtschaft durch Schulabbrüche, psychische Probleme und die juristische Verfolgung sah, konnte in Cannabis und vielen neuen Hanfprodukten auch einen neuen Markt entdecken. Plötzlich war Cannabis auch für eine marktliberale FDP interessant.

»Drei Viertel der Deutschen befürworten teilweise oder vollständige Legalisierung von Cannabis«, liest man heute. Ein Hanf-Magazin berichtet über Umfragen, die ergeben haben, dass sogar »84 Prozent für Legalisierung für Freizeit oder Medizin« sind.[95] Woher die plötzlichen, überwältigenden Mehrheiten für Cannabis kommen, ist klar: Indem man »medizinisches Cannabis« bei Meinungsumfragen als Antwortkategorie hinzufügte, konnte man Mehrheiten erscheinen lassen, wo in Wirklichkeit keine waren. Man könnte es »Teilen und Herrschen mit Statistik« nennen: per Umfrage die Gegner in zwei Gruppen teilen und eine zu Befürwortern erklären.

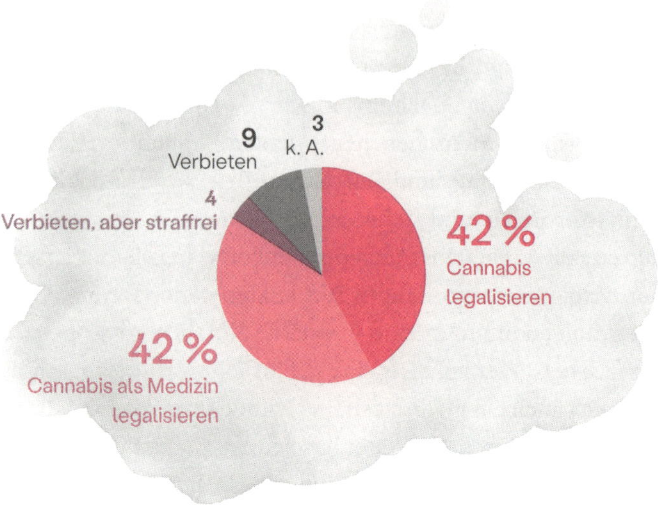

Abb. 8: Einstellung zur Frage, wie Cannabis reguliert sein sollte. Quelle: Civey im Auftrag eines Hanf-Start-ups, 2019.

Die Daten sind von einer repräsentativen Befragung, die ein Hanf-Start-up in Auftrag gegeben hatte (Abb. 8, die kleinen Abweichungen zur eingangs erwähnten magischen 50-Prozent-Grenze sind bei Umfragen üblich). Natürlich ist es absurd, aus den Zahlen eine demokratische Mehrheit für eine vollständige Cannabislegalisierung abzuleiten. Wer für den medizinischen Gebrauch von Opioiden bei todkranken Krebspatienten ist (also hoffentlich alle), ist ja noch lange nicht einverstanden mit der Legalisierung von Heroin. Aber für einen ersten politischen Schritt reicht es.

2017 wurde Cannabis auch in Deutschland als Medizin zugelassen. Und zwar ohne jede Vorgabe, wofür oder wogegen.

Ärztinnen und Ärzte sollten selbst entscheiden. Der Vorgang war ziemlich außergewöhnlich. Cannabis wurde als einziges Medikament nicht auf medizinischem Weg zugelassen, sondern auf politischem. Keine medizinische Behörde, sondern der Bundestag entschied, dass Hanf heilen kann.

»Es war teilweise bizarr«, erinnert sich Hoch. »Ich wertete gerade die Studien über Cannabis bei Krebserkrankungen aus, die alle keine großen Effekte zeigten, als ich am Radio hörte, dass der Bundestag beschließt, Cannabis für Krebspatienten zuzulassen. Ich dachte: Habe ich etwas falsch gemacht?«

Denn obwohl es mittlerweile unzählige Studien zu medizinischem Cannabis gibt, sind die Ergebnisse wenig berauschend. Dass Cannabis zwar »kein Wundermittel« sei, aber immerhin »in Einzelfällen« starke Wirkungen zeige, gehört noch zu den überschwänglicheren Urteilen, die man in zusammenfassenden Überblicksstudien liest.[96] Am besten erforscht ist die Wirkung bei chronischen Schmerzen.[97] Aber selbst hier stellte Hochs Bericht lediglich »schwache positive Belege« fest. Das »härteste« Kriterium für ein Schmerzmittel, nämlich dass es Schmerzen um die Hälfte reduziert, stellte man nur selten fest.[98] Und Vergleiche mit anderen Schmerzmitteln – Cannabis sollte ja nicht nur wirken, es müsste auch Vorteile gegenüber gängigen Medikamenten haben – gebe es ohnehin fast keine. Bei der Behandlung von (therapieresistenten) psychischen Störungen wiederum würden Cannabis-Arzneimittel, die ergänzend zu Standardmedikationen und Therapien verabreicht werden, »oft Verbesserungen einzelner Symptome« zeigen. Die Datenlage ist allerdings äußerst dünn.[99]

Das ist nicht alles nichts, und wenn Cannabis Menschen gegen Schmerzen oder psychische Störungen hilft, ist das sogar wichtig. Doch wie sehr die Wirkung von Cannabis zu einer politischen Glaubensfrage geworden ist, zeigt vielleicht die Website des Deutschen Hanfverbands. Auf die Frage, was man tun kann, wenn einem der eigene Arzt kein medizinisches Cannabis verschreiben will, rät der Verband allen Ernstes: »In diesem Fall helfen entweder bessere Informationen für den Arzt oder ein Arztwechsel.«[100] Dass es eventuell einfach medizinisch keinen Sinn ergibt oder sogar gefährlich ist, wenn Patient XY für Beschwerde Z Cannabis erhält, der Gedanke fehlt.

TEIL 2

Gewalt

Eine Mordskurve

Ich habe keinen empirischen Beleg für die These, aber ich glaube, sie stimmt: Man kann die politische Einstellung eines Menschen daran messen, ab wann er die Entwicklung der Mordrate zu zeichnen beginnt. Wer politisch rechts steht, zeigt auf die letzten Jahre. Wer eher links ist, zeichnet die Kurve ab den Neunzigern nach. Konservative beginnen in den fünfziger Jahren. Und Linksintellektuelle im Mittelalter.

»Morde, Vergewaltigungen und Verbrechen gegen die Gesundheit von Menschen nehmen stark zu«, sagte AfD-Politikerin Beatrix von Storch in einem Interview mit der BBC.[101] Etwas anderes zu behaupten sei »Müll« und »Fake News«. Das war im Jahr 2018. Deutschland hatte so viele Flüchtlinge wie noch selten zuvor aufgenommen, und von Storch war – womöglich auch als Folge davon – in den Bundestag eingezogen. Sie war nicht die Einzige, die so sprach. US-Präsident Trump argumentierte genauso. Von einer »Verrohung der Gesellschaft« hatte 2017 aber auch CDU-Innenminister Thomas de Maizière gesprochen. Angst ging um.

Die Faktenchecker von Correctiv, einer gemeinnützigen Medienorganisation, die heute auch als offizieller Partner für Facebook Fakten prüft,[102] waren allerdings nicht einverstanden mit von Storchs Behauptungen. »Nein, Frau von

Storch, Deutschland ist nicht unsicherer geworden«, titelten sie. Die Behauptungen der AfD-Politikerin seien »größtenteils falsch«, denn »im langfristigen Vergleich« sei die Kriminalität in Deutschland gesunken. Mit langfristig meinten sie: seit den neunziger Jahren (Abb. 9). Von Storch bezog sich 2018 auf den Wiederanstieg seit 2012. Trump in den USA genauso. Auch dort war eine Trendwende zu beobachten.

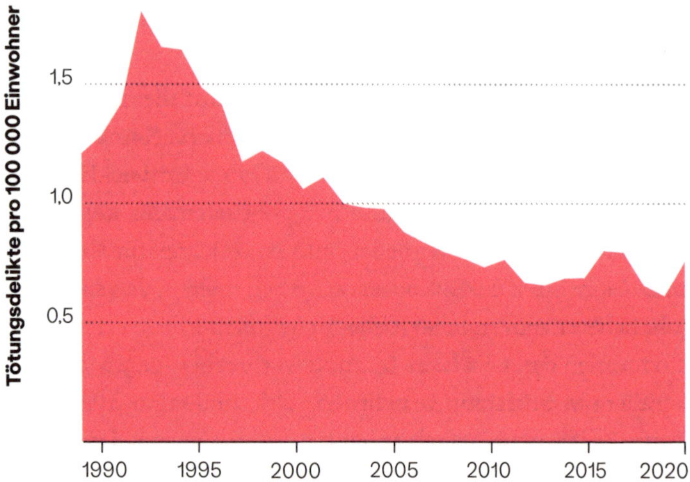

Abb. 9: Fälle von Mord und Totschlag in Deutschland. Quelle: Polizeiliche Kriminalstatistik via Antholz, 2017, sowie eigene Umrechnung.

Man tritt Correctiv wohl nicht zu nahe, wenn man die Redaktion eher links der politischen Mitte verortet. Und man liegt wahrscheinlich nicht falsch, wenn man behauptet, dass der Verweis auf den »langfristigen« Kriminalitätstrend öfters in linken Diskussionen fällt. Correctiv warf von Storch außerdem vor, dazu beizutragen, dass das »subjektive Sicherheitsgefühl« der Bevölkerung sinke, obwohl die Zahl der Morde fällt. Auch dieses Argument hört man oft. Dass die Angst vor

Kriminalität irrational und nur geschürt sei, weil die Zahlen ja sinken. Ich finde das Argument etwas schräg. Ich fühle mich als Radfahrer auf der Straße ja auch nicht sicherer, nur weil ich weiß, dass es mit Unfällen schon mal schlimmer war.

Auf die Entwicklung der Morde und Totschläge zu schauen ist durchaus sinnvoll. Sie gilt in der Kriminalistik als bester (manche sagen sogar: einzig sinnvoller) Indikator für die Entwicklung der Kriminalität und Gewalt in einem Land. Sie bewegen sich ähnlich wie andere Straftaten, etwa Vergewaltigungen, Einbrüche oder Diebstähle. Aber anders als diese sind Morde unabhängig der von der Anzeigebereitschaft in der Bevölkerung oder den Ermittlungsschwerpunkten der Polizei. Leichen übergeht man nicht so leicht. Das Dunkelfeld bei Mord ist eher klein. Dass die Morde seit den neunziger Jahren weniger werden, gilt im Übrigen nicht nur für Deutschland. Es ist ein internationales Phänomen, das man überall in westlichen Ländern beobachten kann, ob in Italien oder Skandinavien, in den USA oder Japan.

Es ergibt auch aus verschiedenen Gründen Sinn, auf die Zeit seit den neunziger Jahren zu schauen. Zum Beispiel gibt es die Bundesrepublik in ihrer heutigen Form erst seit 1990. Auch liegen digitale Datenreihen oft erst seit jener Zeit in einfach zu verarbeitender Form (sprich: Excel) vor. Der Zeitraum macht aber auch ein paar Probleme. In Deutschland sieht der Rückgang viel extremer aus, als er in Wirklichkeit ist. Nach der Wiedervereinigung wurden im Laufe der neunziger Jahre über 400 DDR-Grenztote postum als Tötungsdelikte in die Kriminalstatik eingetragen. Zu sagen, die Mordzahlen würden heute deutlich unter den »Höchstwerten von 1993 bis 1996« liegen, wie die Faktenchecker von Correctiv meinten und wie man es des Öfteren liest, stimmt deshalb nur bedingt. Die neunziger Jahre waren nicht schön, aber die deutsche Tötungsstatistik tut ihnen ein bisschen unrecht. Ein ähnliches Problem relativiert allerdings auch die Gefühle von AfD-Politikerin von Storch: Zumindest der Anstieg der Tötungsdelikte 2016 ging wesentlich darauf zurück, dass damals 149 Opfer des Germanwings-Absturzes und 72 Opfer eines Krankenpflegers in die Statistik eingetragen wurden.

Aber warum soll »langfristig« nur zurück in die neunziger Jahre bedeuten? Nur weil ab da die Zahlen im Excel-Format vorliegen? Viele, die ihr Land *great again* machen, in die »guten alten Zeiten« zurückführen wollen, als angeblich noch Sitten und Anstand galten, meinen ja wohl kaum die neunziger, sondern eher die fünfziger Jahre. Und zumindest was die Morde angeht, muss man sagen: sie haben nicht ganz unrecht. Die Kriminalität mag rückläufig sein, aber nur deshalb, weil sie zuvor völlig aus dem Ruder lief (Abb. 10).

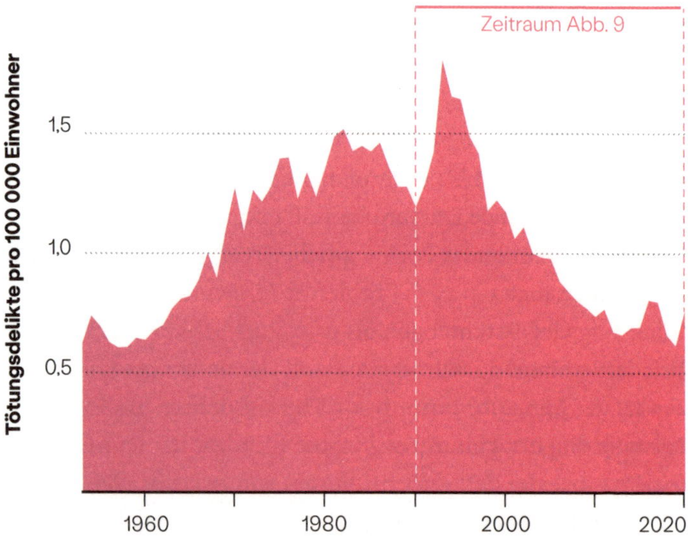

Abb. 10: Fälle von Mord und Totschlag in der Bundesrepublik. Quelle: Polizeiliche Kriminalstatistik via Antholz, 2017, sowie eigene Umrechnung.

Diese Kurve verläuft nicht nur in Deutschland so. Das Muster ist in vielen westlichen Ländern gleich: Anstieg der Gewalt ab den sechziger Jahren, Eskalation, Stagnation in den neunziger Jahren und seither – jedenfalls bis vor kurzem – fallende Zahlen. Besonders dramatisch war die Entwicklung der Kriminalität in US-amerikanischen Städten. Gab es etwa in New York in den sechziger Jahren weniger als 500 Morde pro Jahr, waren es Anfang der Neunziger 2000.[103] Der Gangster-Rap jener Zeit handelt ständig davon, aus nachvollziehbaren Gründen.

Die linke Erklärung dafür lautet zumindest für die USA, dass ab den sechziger Jahren die weiße Mittelschicht aus den Städten in die Vororte zog, die Suburbs. So leerten sich in den Städten nachts nicht nur die Straßen, es wanderten auch Steuereinnahmen ab, die fortan für Polizei und soziale Einrichtungen fehlten. Ghettos entstanden. Die Opfer von Kriminalität waren am Ende meist jene, die sich den Wegzug oder die Flucht in die Suburbs nicht leisten konnten.

Aber eine vergleichbare Entwicklung hat es in Deutschland nicht gegeben. Und trotzdem stieg auch hier – wenn auch in kleinerem Maße – seit den sechziger Jahren die Gewalt. Eine konservativere Lesart deutet diesen Anstieg so, dass infolge der 68er-Bewegung die Autorität des Staates – vor allem die der Polizei – infrage gestellt wurde. Die Sitten verfielen. Und die Gewalt nahm zu.

Der Harvard-Psychologe und Gewaltforscher Steven Pinker spricht in seinem ausschweifenden Werk *Gewalt. Eine neue Geschichte der Menschheit* von den sechziger Jahren als Zeit der »Umwälzung der kulturellen Normen«, ja gar der »Entzivilisation«.[104] Pinker bezieht sich auf die USA, aber vieles klingt auch zumindest für Westdeutschland vertraut. Das Establishment habe infolge der Bürgerrechts- und Protestbewegungen nicht mehr als moralische Autorität gegolten. Selbst in Meinungsumfragen zeigte sich ein schwindendes Vertrauen in sämtliche gesellschaftliche Institutionen.[105] Schlimmer noch: Gewalt galt plötzlich als nobel. Die Städte mit ihren Ghettos und Universitäten wurden zu Arenen dieses Kulturkampfes. Mit marxistischen Theorien ließ sich Gewalt als Klassenkampf kaschieren. »Graffiti-Vandalen waren jetzt ›Künstler‹, Diebe waren ›Klassenkämpfer‹, und Randalierer aus der Nachbarschaft waren ›Führer der Gemeinschaft‹«, so Pinker.[106] Der Drogenkonsum wurde romantisiert, dürfte aber die Anzahl der Tötungsdelikte in den achtziger Jahren nochmals erhöht haben.[107]

Doch dann, in den neunziger Jahren, passierte etwas, was allen Prognosen der Kriminologie widersprach: die Zahl der Gewalttaten stagnierte. Teilweise sank sie sogar. Wissenschaftlerinnen und Wissenschaftler versuchten, das Phänomen sogleich mit allen möglichen Faktoren statistisch zu erklären. Schließlich gab es in den neunziger Jahren auch diese neue Maschine namens PC, mit der man Daten viel leichter analysieren und nach verborgenen Korrelationen suchen konnte. »Journalisten fuhren auf diese Theorien ab, belohnten oft die mit der größten Aufmerksamkeit, die der Intuition am meisten widersprachen«, schreibt der Kriminologe Patrick Sharkey von der Princeton University, vor allem mit Blick auf die USA.[108] Populär wurde zum Beispiel die Theorie, dass die Liberalisierung von Schwangerschaftsabbrüchen in den siebziger Jahren dazu führte, dass viele ungewollte Kinder – und damit, so die Annahme: künftige Täter – gar nicht mehr geboren wurden. Die Ungeborenen wären in den neunziger Jahren junge Männer gewesen. Die populärwissenschaftlichen *Freakonomics*-Bücher über »die verborgene Seite von allem« wurden mit dieser These zu einem Hit.

Oder die Theorie, dass der Anstieg von Blei in der Umwelt, etwa im Benzin oder in Farben, Entwicklungsstörungen verursachte – sei es verminderte Intelligenz oder schwächere Impulskontrolle – und so Menschen in die Kriminalität trieb. Der Rückgang der Kriminalität in den neunziger Jahren wäre also ein Spätfolge der Bleiverbote.

Andere spekulierten über die Verbreitung von ADHS-Medikamenten wie Ritalin, die Kinder und Jugendliche beruhigten und mehr auf die Schule konzentrieren ließen. Oder dass Fernseher, Computerspiele und Klimaanlagen dafür sorgten, dass alle mehr Zeit zu Hause verbrachten. Und außerdem weniger tranken und Drogen konsumierten. Wieder andere vermuteten, dass durch die sinkenden Geburtenquoten der Gesellschaft schlicht junge Männer fehlten, von denen die meiste Gewalt ausgeht. Kriminologe Sharkey will diese Theorien nicht völlig verwerfen. Überzeugender sei aus seiner Sicht aber etwas viel Näherliegendes: Die Gesellschaft packte das Problem an. Das hieß: mehr Sozialarbeit auf den Straßen, aber auch mehr Alarmanlagen, mehr Überwachungskameras, und vor allem: mehr Polizei.[109]

Aus einer rechten oder konservativen Perspektive kann man den »großen Gewaltrückgang« so lesen, dass den Leuten in den neunziger Jahren einfach der Kragen platzte. Sie wollten eine Rückkehr zu »Recht und Ordnung«. In New York wurde der einstige Mafiajäger und republikanische Hardliner Rudy Giuliani Bürgermeister, mit dem Versprechen einer neuen Nulltoleranzstrategie. Selbst Bagatelldelikte sollten fortan rigoros bekämpft werden, weil sie – so zumindest die Theorie – der Anfang von schwereren Verbrechen seien. Aber auch im lässigen Hamburg machte sich Ronald Schill als »Richter Gnadenlos« einen Namen und wurde 2001 mit seiner »Partei Rechtsstaatlicher Offensive« gar Innensenator der Stadt.

Dann war da natürlich noch Kevin aus *Kevin – Allein zu Haus*. Ein Junge, der von Einbrechern heimgesucht wird, und sie mit roher, aber doch gerechter Gewalt in Form von Bügeleisen, Eis, Teer und Luftgewehrsalven zurückschlägt. Der alleine vor der Haustür steht und schwört: »Das ist mein Haus, und ich werde es verteidigen!« Wahrscheinlich konnte eine Kinderkomödie rund um Einbrecher, Alarmanlagen und Selbstjustiz nur in den neunziger Jahren derart populär werden (immerhin versuchte es Disney mit einer Neuauflage des Films zu Weihnachten 2021).

»Kriminologen hatten jahrzehntelang Schwierigkeiten herauszufinden, ob mehr Polizeibeamte im öffentlichen Raum tatsächlich Kriminalität verhindern«, schreibt Kriminologe Sharkey weiter. Diese einfache Frage sei schwer zu beantworten. Denn steigt die Kriminalität trotz mehr Polizei, kann es auch einfach daran liegen, dass mehr Polizei wegen steigender Kriminalität eingesetzt wurde. Eine elegante Möglichkeit, die These zu prüfen, ergab sich nach dem 11. September 2001. Damals wurde die Polizeipräsenz je nach Terror-Alarmstufe erhöht, ohne dass zuvor die Kriminalität zugenommen hatte. Kriminologen konnten zum ersten Mal präzise studieren, wie effektiv mehr Polizei ist, zumindest in den USA. Eine der solidesten Studien kam zu dem Schluss, dass bei einer Erhöhung der eingesetzten Polizeistreifen um die Hälfte die Kriminalität um rund 15 Prozent sank. Andere Studien stützten die Erkenntnis.[110]

Doch auch intellektuell drehte sich der Wind. »Der Zusammenbruch des Kommunismus und die Erkenntnis, dass er wirtschaftlich und menschlich in die Katastrophe geführt hatte, nahmen der Gewalt ihre revolutionäre Romantik und weckten Zweifel an der Vorstellung, Reichtum mit Gewehren umzuverteilen«, schreibt Harvard-Psychologe Pinker und spricht von einem »Rezivilisationsprozess« und einer »Welle der Zivilisierungsoffensiven«. Die »schiere Schlechtigkeit der

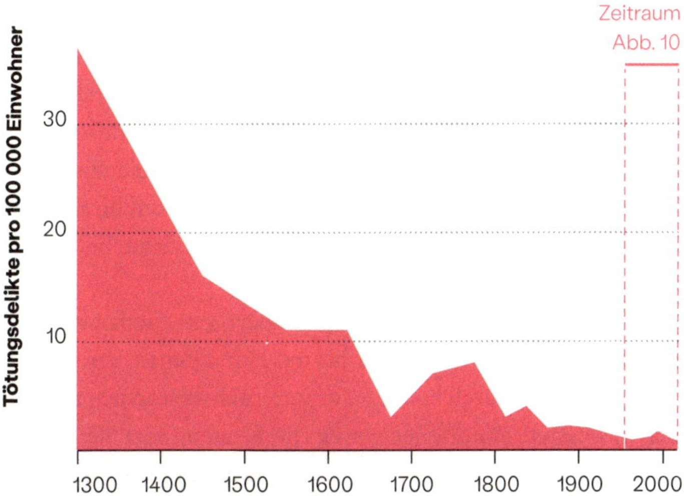

Abb. 11: Fälle von Mord und Totschlag in Deutschland und der Schweiz. Ältere Daten basierend auf Schätzungen. Quelle: IHME sowie History of Homicide Database via Our World in Data.

Gewalt« in den US-amerikanischen Innenstädten sei auch einfach nicht mehr mit anzusehen gewesen.[III]

Feiern Linke, wenn sie auf die sinkende Kriminalität seit den neunziger Jahren verweisen, also die Lösung eines Problems, das sie in Wirklichkeit selbst mitgeschaffen hatten und das erst durch eine Politik von Recht und Ordnung wieder aus der Welt geschaffen wurde? So könnte man die Daten lesen. Es gibt aber noch eine ganz andere Lesart von dem, was geschah. Dafür muss man aber noch weiter zurückgehen.

Die historische Kurve der Morde über die Jahrhunderte (Abb. 11) in Deutschland und der Schweiz muss man jedoch mit etwas Vorsicht lesen. Vor dem 19. Jahrhundert basieren sie nur auf Schätzungen in einzelnen Orten. Vor 1600 könnten die Ausschläge auch auf Stichprobenfehler zurückzuführen sein. Möglicherweise waren jene Zeiten nicht ganz so brutal.

Aber ab 1620 seien die Belege für die Trends »wahrscheinlich ziemlich robust«, so der Soziologe und Historiker Manuel Eisner von der University of Cambridge, der diese Zahlen zu Tötungsdelikten erhebt.[112] Und wieder gilt die Entwicklung für viele Länder zugleich. Morde werden immer seltener. Der Anstieg ab den sechziger Jahren des 20. Jahrhunderts, dieser Zeit der »Entzivilisation«, ist über die Jahrhunderte betrachtet ziemlich klein.

Der Blick in die Geschichte relativiert vor allem eine Vorstellung: dass eine Politik der harten Hand gegen Verbrechen grundsätzlich hilfreich ist. Je weiter man historisch zurückblickt, desto drakonischer waren die Strafen, aber desto brutaler ging es auch auf den Straßen zur Sache. Im Mittelalter waren Strafen ein Spektakel, mit vorgetragenen Geständnissen, Spießrutenläufen durch die Menge und öffentlicher Exekution. Und das ständig. Würden heute so viele Menschen hingerichtet wie damals, gäbe es in den USA statt der etwa zwanzig Todesstrafen pro Jahr satte 32 000, berechnet Historiker Eisner.[113]

Zwischen 1600 und 1700 nahm die Zahl der Todesstrafen rapide ab. Strafen generell wurden aus der Öffentlichkeit verbannt. Bereits um 1600 eröffnete man stattdessen »Besserungsanstalten« für Bettler und Landstreicher in London und Amsterdam, so Eisner.[114] Das Bestrafen verschwand hinter Gefängnismauern. Und die Mordrate sank rapide.

Ein Sinneswandel setzte ein. Nicht abschreckende Strafen, sondern Selbstbeherrschung sollte Menschen von Gewalt abhalten. In den Schulen sollten Kinder nicht mehr nur Lesen und Rechnen lernen, sondern auch sich zu benehmen. Freizeitaktivitäten veränderten sich. Brutale, öffentliche Preiskämpfe zum Beispiel wurden im 19. Jahrhundert durch eine strenger regulierte, zivilisierte Kampfkunst ersetzt: Boxen.[115] Auch gab es immer wieder Versuche, den Alkoholkonsum zu reduzieren. Erstaunlich ist, wie stark dieser in England und den skandinavischen Ländern, wo es immer wieder Wellen der Prohibition gab, mit Mord und Totschlag korreliert. Ging der Konsum in der Bevölkerung zurück, sanken auch die Tötungsdelikte, ging er wieder hoch, passierte wieder mehr. Korrelation ist nicht zwingend Kausalität. Die Bekämpfung von Alkohol ging mit anderen Maßnahmen einher, um »Selbstdisziplin, Ausdauer, Verantwortung und Ehrlichkeit zu fördern«, schreibt Eisner.[116] Alkohol kann also als ein Indikator für Veränderungen in der Gesellschaft insgesamt betrachtet werden.

Versucht man diese Faktoren auf einen Punkt so bringen, so war es, wie Eisner es formuliert, letztlich ein Rückgang von »zwischenmännlicher Gewalt im öffentlichen Raum«.[117] Oder einfach: Es waren Männer und ihre Ideen von Männlichkeit und Ehre, die sich gegenseitig umbrachten.

So gesehen folgte der Rückgang der Mordrate einem langen Trend infolge einer veränderten Einstellung zu Gewalt. Das gilt auch für den Rückgang der Gewalt seit den neunziger Jahren. Es war in den letzten zwanzig, dreißig Jahren keineswegs so, dass nur Polizei und Nulltoleranzpolitik zum Abschwung führten. In Deutschland dürften diese Faktoren sogar nur eine untergeordnete Rolle gespielt haben.

»Es gab seit den neunziger Jahren einen generellen gesellschaftlichen Wandel in Bezug auf die Akzeptanz von Gewalt. Sie wurde auch im häuslichen Bereich nicht mehr als Privatsache toleriert«, sagt Thimna Klatt, Professorin an der Hochschule für Polizei und öffentliche Verwaltung in Gelsenkirchen. Vergewaltigung in der Ehe wurde eine Straftat, elterliche Züchtigung verboten. »Kinder lernen heute kaum noch, mit Gewalt Ziele zu erreichen«, so Klatt.

Von der Straße sind Mord und Totschlag größtenteils verschwunden. Heute lauert die Gefahr vor allem in den eigenen vier Wänden. Es werden heute – zumindest in Deutschland – mehr Frauen als Männer ermordet (erst wenn man fahrlässige Tötung hinzuzählt, überwiegen die Männer als Opfer), fast die Hälfte davon durch ihren Partner oder einen Täter aus ihrer eigenen Familie.

AfD-Politikerin von Storch, mit der dieses Kapitel begann, gab ihr Interview 2018, als die Morde und andere Gewalttaten wieder angestiegen waren. Seither gingen in Deutschland die Zahlen wieder runter, dann aber auch wieder etwas hoch. Einen deutlichen Trend haben sie nicht. Ganz anders in den USA. Auch dort begann 2014 die Mordrate wieder zu steigen, wurde aber seither immer schlimmer. Im Coronajahr 2020 schoss sie um dramatische 30 Prozent nach oben, der größte Anstieg in über hundert Jahren.[118]

Wer ist hier kriminell?

Die erste Polizeiliche Kriminalstatistik (PKS) der Bundesrepublik stammt aus dem Jahr 1953 und zählt gerade einmal 83 DIN-A4-Blätter. Die Diagramme waren schlicht, aber elegant. Die Tabellen wurden mit Schreibmaschine getippt, doch an Selbstbewusstsein mangelte es diesem Zahlenwerk nicht. Im Vorwort versprach das Bundeskriminalamt mit der PKS nichts weniger, als »verhältnismäßig schnell Aufschluss über Stand und Bewegung der Kriminalität« zu liefern.[119]

Anders als die trägen Gerichte sah sich die Polizei am Puls der Kriminalität und wollte mit ihren Zahlen zeigen, wie es um die Sicherheit in der noch jungen Republik steht.

Über die folgenden Jahrzehnte wurde aus der PKS eine riesige, weit verzweigte Statistik. Aus knapp dreißig Straftatskategorien wurden über tausend. Aus der Dokumentation von Straftaten wurde eine wirkmächtige Statistik, die Talkshows anstoßen und Debatten auslösen kann, die die Politik mobilisiert und Menschen in Angst und Schrecken versetzt – oder sie beruhigt, je nachdem. Wikipedia nennt die PKS die »bekannteste und am häufigsten zitierte Kriminalstatistik«. Vielleicht könnte man das »Kriminal« auch weglassen. Jedenfalls erfolgt die jährliche Präsentation der PKS durch niemand Geringeren als den Innenminister persönlich.

Die PKS ist eine Brille, durch die wir auf die Kriminalität im Land schauen. Sie ist das Raster, das definiert, wer und was als Straftäter, als Straftäterin und als Straftat diskutiert wird. Dabei beginnt die PKS schon im Titel mit einer Halbwahrheit. Das »Kriminal« in »Kriminalstatistik« bezieht sich eigentlich nicht auf Kriminalität als solche, sondern auf die kriminalistische Ermittlung der Polizei. Die PKS versammelt Fälle, die von der Polizei bearbeitet und an die Staatsanwaltschaft abgegeben wurden. Dabei unterscheidet die Statistik zwischen aufgeklärten und unaufgeklärten Fällen. Was die Polizei für einen aufgeklärten Mord hält, kann ein Gericht aber noch einmal ganz anders beurteilen. Etwa weil es von den Beweisen nicht überzeugt ist, oder die Tat nur als einen Totschlag wertet. Als beispielsweise in der Berliner U-Bahn ein Obdachloser beinahe angezündet worden war, wurde der Fall als (aufgeklärter) Mordversuch registriert, später aber nur als versuchte gefährliche Körperverletzung verurteilt.[120]

Schon in der ersten PKS spricht die Polizei diese Diskrepanz an, wenn auch aus ihrer Sicht: Sollte ein Verdacht der Polizei nicht in einer Verurteilung münden, so konnte das laut der Bundeskriminalpolizei nur daran liegen, dass die Staatsanwaltschaft entweder keine Anklage erhob, der Beschuldigte von Amnestie profitierte oder aus »Mangel an Beweisen« freigesprochen werden musste. Aber natürlich konnte es auch sein, dass die Beweise einfach nicht überzeugten.

Die Justiz wiederum führt natürlich auch Buch. Aber die Verurteiltenstatistik hat noch nicht einmal einen richtigen Namen. Beim Statistischen Bundesamt läuft sie unter »Rechtspflege«. Wenn das BKA also bereits 1953 gönnerhaft schrieb, die PKS wolle »in keiner Weise mit der gerichtlichen (Verurteilten-) Statistik konkurrieren«, dann darf man das rückblickend so verstehen, dass die dröge Justizstatistik keine ernst zu nehmende Konkurrenz zur abenteuerlichen PKS darstellte.

Auf der anderen Seite der Kriminalstatistik befindet sich das berühmt-berüchtigte Dunkelfeld (ausgedrückt als Dunkelziffer), also all die Taten, die nie als solche erkannt oder nie zur Anzeige gebracht werden. Wenn Expertinnen und Experten vom Dunkelfeld einer Straftat reden, kann man davon ausgehen, dass dieses entweder als »groß«, »sehr groß« oder »sehr, sehr groß« beschrieben wird. Es wird darüber viel geraunt, gemunkelt und gepoltert, etwa wenn Politikerinnen und Politiker behaupten, dass die Straftaten statistisch nur deshalb weniger würden, weil die Leute heute gar nicht mehr zur Polizei gingen.

Nun, ganz so düster ist es um das Dunkelfeld nicht bestellt. Es wird ebenfalls kriminalistisch ausgeleuchtet. Nur ist das etwas aufwendiger. Kriminologen führen dazu Umfragen unter zufällig ausgewählten Bürgerinnen und Bürgern durch und befragen sie, ob sie in einem bestimmten Zeitraum Opfer bestimmter Taten geworden sind und – sehr wichtig – ob sie den Fall angezeigt haben. Aus der Differenz lässt sich die Dimension des Dunkelfelds zumindest erahnen.

Größere Befragungen führt unter anderem das in Hannover ansässige Kriminologische Forschungsinstitut Niedersachsen (KFN) durch. Gefragt wird dabei beispielsweise, ob einem das Fahrrad geklaut wurde. Es zeigt sich, dass nur die Hälfte dieser Diebstähle angezeigt wird.[121] Das Rad war nicht versichert, und eine Klärung des Falls erwartet man sowieso nicht, warum also noch zur Polizei gehen? Wir müssten also die rund 40 000 Fahrraddiebstähle aus der Kriminalstatistik verdoppeln, um an die tatsächliche Zahl heranzukommen. Auto- und Wohnungseinbruchdiebstähle hingegen werden zu 90 Prozent anzeigt. Die 6000 beziehungsweise 75 000 Fälle in der PKS geben die Dimension des Problems also relativ gut wieder. Sexueller

Missbrauch dagegen führt meist zu gar keiner Anzeige. Hier ist das Dunkelfeld in der Tat sehr groß.

Aber auch Dunkelfeldstudien haben Tücken. Für sie gilt die Sicht des mutmaßlichen Opfers, die sich allerdings nicht mit dem decken muss, was tatsächlich passiert ist – oder wie ein Gericht den Fall beurteilen würde. Opfer eines Fahrraddiebstahls ist man auch dann, wenn man sein Rad nur am Bahnhof vergessen hat, aber glaubt, es sei gestohlen worden, und das in der Befragung so sagt.

Andere Taten wiederum sind schwer zu messen. Die Ruhr-Universität Bochum versuchte zum Beispiel, das Dunkelfeld von Polizeigewalt zu ermitteln (sie hatten zuvor auch die Gewalt gegen Polizeibeamte untersucht). Zu einem solchen Opfer wird man, wenn ein Polizist einem etwas antut, das man als rechtswidrig empfindet. Doch das ist ein schmaler Grat, schließlich darf die Polizei Gewalt ausüben. Gefragt wurde etwa, ob man »geschubst oder zur Seite gestoßen« oder »festgehalten / zu hart angefasst« worden sei. Oder ob man von einem Wasserwerfer getroffen wurde.[122] Ob das Schubsen, Festhalten oder der Einsatz des Wasserwerfers rechtswidrig war, liegt bei einer Dunkelfeldstudie alleine im Empfinden der Betroffenen, nicht der Beurteilung eines Gerichts.

Andere Dunkelfelder lassen sich gar nicht erst über Umfragen ermitteln, Mord etwa. »Jeder zweite Mord bleibt unentdeckt«, heißt es zuweilen. Aktuelle Studien gibt es in Deutschland nicht. Wie oft Ärztinnen und Ärzten ein Mord entgeht, wenn sie den Totenschein ausfüllen, könnte mithilfe von Obduktionen ermittelt werden. Das wird aber nur bei geschätzt zwei Prozent aller Toten gemacht.[123]

Zur Diskrepanz zwischen Dunkelfeld und Polizeistatistik kann aber auch beitragen, dass Opfer schlicht der Polizei nicht vertrauen. Das kann der linke Student sein, der bei einer Demo verletzt oder geschubst wurde, aber keine faire Bearbeitung seines Falls erwartet. Eine Studie des KFN unter Jugendlichen zeigt zum Beispiel, dass die Anzeigebereitschaft nicht unwesentlich davon abhängt, ob Täter und Opfer Migrationshintergrund haben. Ist das Opfer einer Gewalttat deutsch, aber der Täter hat einen Migrationshintergrund, ist die Anzeigebereitschaft mit 30 Prozent fast drei Mal so hoch wie wenn auch der Täter deutsch ist. Jugendliche Opfer mit Migrationshintergrund hingegen erstatten in nur 20 Prozent der Fälle Anzeige. Der Grund könnte im Misstrauen gegenüber der Polizei bei Jugendlichen mit Migrationshintergrund liegen.[124]

Die PKS liefert also einen verzerrten Blick auf die tatsächlich existierende Kriminalität. Kleine Straftaten wirken schnell riesig, weil sie sehr häufig vorkommen, auch wenn ihr Schaden eher klein ist. Straftaten wie Steuerbetrug – selbst gigantische wie CumEx – kommen gar nicht erst in der Statistik vor, weil sie nicht bei der Polizei landen, sondern vom Zoll bearbeitet werden. Vor allem aber hat die PKS eine politisch kontroverse Geschichte, wo sie die Quelle von Kriminalität vermutete.

Den Ausländer gab es in der Kriminalstatistik schon, bevor es in Deutschland überhaupt Ausländer gab. Die dünne PKS von 1953 widmete ihnen bereits ein eigenes Kapitel. Dabei lebten in der Bundesrepublik damals kaum Ausländer. Das erste Anwerbeabkommen für die sogenannten Gastarbeiter wurde erst Ende 1955 mit Italien geschlossen, die nächsten folgten 1960 mit Spanien und Griechenland. In den fünfziger Jahren betrug der Ausländeranteil etwa ein Prozent.[125] Das Einzige, was man ihnen vorhalten konnte, war eine erhöhte Delinquenz: bei 1,7 Prozent der Delikte standen sie laut PKS in Verdacht – »an der Spitze«: US-Amerikaner.[126]

Neben den Ausländern machte die PKS 1953 noch ein Kapitel für »Landfahrer« auf. Definiert waren sie als Menschen mit »eingewurzeltem Hang zum Umherziehen mit Fahrzeugen«. Gemeint waren faktisch: Sinti und Roma.[127] Nicht dass sie eine nennenswerte Zahl von Straftaten begangen hätten. Im Gegenteil. Dass »Landfahrer« in der PKS nur gerade 0,3 Prozent aller Täter (oder genauer: Tatverdächtigen) ausmachten, legte man gegen sie aus. Dass es so wenige seien, zeige deutlich, dass sie – »neuerdings motorisiert durch die Lande ziehend« – »besonders gefährlich und schwierig zu ermitteln« seien, hieß es in der PKS. Deshalb müsse der Bekämpfung des »reisenden Verbrechertums« eine größere Bedeutung zukommen. Kategorien wie »Landfahrer« blieben noch bis in die achtziger Jahre in der Kriminalstatistik. Erst damals wurde auch der deutsche Völkermord an den Sinti und Roma von der Bundesrepublik anerkannt.[128]

Die Täterkategorie »Ausländer« dümpelte also jahrelang vor sich hin. Erst als ab den sechziger Jahren mehr und mehr Gastarbeiter in die Bundesrepublik kamen, begann sie sich mit Leben zu füllen. 1970 lebten 4,3 Prozent Ausländer in der BRD. Dass sie 8,3 Prozent aller Tatverdächtigen stellten, war offenbar Grund genug, sie weiter im Auge zu behalten – aber immer nur als Täter. 1971 wurde die PKS auf elektronische Datenverarbeitung umgestellt und wesentlich detaillierter. Auch die Opfer erfasste die Statistik fortan – aber nur mit Alter und Geschlecht. Anders als bei den Tätern war ihre Nationalität kein Thema. Erst seit 2013 wird auch diese erfasst. Sechzig Jahre lang kam der Ausländer in der PKS nur als Täter vor. Bei nichtdeutschen Verdächtigen registrierte die Polizei nun aber auch noch Art und Anlass des Aufenthaltes.[129]

Um ausländerfeindlichen Ressentiments entgegenzuwirken, machten sich Kriminologen daran, die Zahlen zu erklären. »Zahlen sprechen nicht für sich«, heißt ein Sammelband wissenschaftlicher Aufsätze eines Kriminologen jener Zeit, herausgegeben vom Bundeskriminalamt.[130]

»Ausländer in Deutschland, zumindest soweit sie aus den noch vorindustriell geprägten mediterranen Regionen kommen, geraten leichter in Konfliktsituationen, aus denen sie nur noch den gewaltsamen Ausweg sehen«, heißt es in einem Aufsatz von 1974. »Ungünstige Wohnverhältnisse, Ressentiments der deutschen Bevölkerung, leicht verletzbares traditionales Ehrgefühl mit der Neigung zur Selbstjustiz, nicht nur sprachlich bedingte Kontakt- und Verständigungsschwierigkeiten – das sind nur einige der möglichen Faktoren, die – in der Regel kombiniert auftretend – zur Gewalttat führen können.«[131]

Gezeichnet wurde das Bild eines überforderten Menschen, der die deutsche Sprache nicht gut beherrscht, deshalb »kindlich« wirke, und seine Emotionen nicht kontrollieren kann. Durch die mangelnden Sprachkenntnisse würde ihm auch »ein Hauptweg versperrt, Affekte verhältnismäßig unschädlich abzuleiten«. So würden in ihm diese »Aggressionen vorbereitet«, die plötzlich wegen eines zufälligen oder geringfügigen Vorkommnisses in einer »explosiven Entladung« herausbrechen: schwere Gewalt etwa, die niemand nachvollziehen könne.[132]

Diskutiert wird aber auch über eine grundsätzliche kulturelle Inkompatibilität. »Manche Südländer übertragen wohl auch gern ihre negative Einstellung zum heimatlichen Staatsapparat auf den deutschen etwa nach dem Leitsatz: Ein Held ist, wem es gelingt, den Staat über das Ohr zu hauen«, heißt es. »Wichtiger als die Einhaltung abstrakter gesetzlicher Bestimmungen und die Rücksicht auf behördliche Gebote ist ihnen die Beachtung der vom Familienverband streng kontrollierten traditionellen Sitten und Gebräuche.« Nur so sei etwa »die in diesen Regionen bis heute unausrottbare Blutrache zu verstehen«. Andere Gesetze, wie die über »den Umgang mit Urkunden, die Verführung Minderjähriger, die Unterhaltsverpflichtung gegenüber unehelichen Kindern, verbotene Glücksspiele oder Wilderei«, würden sie überhaupt erst in Deutschland kennenlernen, wenn sie mit ihnen in Konflikt geraten.[133] Ausländertypische Taten seien daher häufiger Folge einer »gewaltsamen Konfliktlösung« und nicht der Bereicherungsabsicht. Dass es verhältnismäßig mehr zu Notzucht und Sexualdelikten komme, könne »Sprach- und allgemeine Kontaktschwierigkeiten« sowie Fehleinschätzung der »ungewohnt freien Lebensformen besonders der deutschen Frauen« als Ursache haben. Bei Gewaltdelikten sei »an das lebhafte Temperament, an die leichte Erregbarkeit und das verletzbare Ehrgefühl vieler Südländer zu denken«.[134] Im Rückblick muss man sich fragen, ob mit diesen Erklärungsversuchen das Bild des Ausländers sinnvoll korrigiert wurde. Man kann sich die Antwort wohl sparen.

Anders als in den siebziger Jahren können Kriminologen ein Merkmal wie die Nationalität heute statistisch vermessen und mit anderen Merkmalen verbinden. Sie können Gruppen mit gleichen Merkmalen bilden und miteinander vergleichen. »Armut ist unter Migrantinnen und Migranten häufiger und der Bildungsgrad im Durchschnitt geringer«, sagt Thimna Klatt von der Hochschule für Polizei und öffentliche Verwaltung in Gelsenkirchen. Lebe man in einem Umfeld, in dem man selbst Gewalt und Kriminalität erlebt und delinquente Freunde hat, sei die Wahrscheinlichkeit größer, selbst straffällig zu werden. Hinzu kommt, dass sie im Schnitt jünger sind als Deutsche. »Wenn man all diese Faktoren herausrechnet und Migranten mit Deutschen vergleicht, bleiben kaum noch Unterschiede«, sagt Klatt.

Andererseits ändert der Umstand, dass Zuwanderer im Durchschnitt jünger, ärmer und eher männlich sind, nichts daran, dass dadurch mehr Gewalt in die Gesellschaft kommen kann. In Niedersachsen etwa gingen die Gewalttaten zwischen 2007 und 2014 um rund 20 Prozent zurück, 2015 und 2016 stiegen sie jedoch wieder um 10 Prozent an. Zu 90 Prozent sei der Anstieg durch Flüchtlinge verursacht worden, so eine Untersuchung unter der Leitung von Christian Pfeiffer, einst Direktor des KFN, im Auftrag des Familienministeriums.[135] Besonders fielen jene auf, die keine Chance auf einen Aufenthaltstitel hatten. Opfer etwa von Tötungsdelikten oder schweren Körperverletzungen waren größtenteils selbst Flüchtlinge oder andere Nichtdeutsche. »Beengte räumliche Wohnbedingungen in Flüchtlingsheimen und das Aufeinandertreffen von Menschen unterschiedlicher Religionen und Länder haben offenbar sehr zur Entstehung solcher Gewaltkonflikte beigetragen«, so der Bericht. Bei Raubdelikten waren es meist Deutsche, genauso wie bei Vergewaltigungen und sexueller Nötigung, was aber auch daher kommen könne, dass deutsche Opfer bei solchen Taten eher Anzeige erstatten, während Flüchtlinge nicht in demselben Maß über ihre Rechte und Möglichkeiten informiert seien.[136]

Nur: Warum dieser kriminalistische Fokus auf Ausländer, obwohl sie statistisch so wenig ins Gewicht fallen? Das offensichtlichste Tätermerkmal ist ein ganz anderes: Drei Viertel aller Tatverdächtigen sind Männer. Der Anteil wird umso größer, je schwerer das Delikt ist. Bei Morden sind es fast neun von zehn. Gefängnisinsassen sind zu 94 Prozent männlich.[137] Schon in der PKS von 1953 waren 85 Prozent der Tatverdächtigen männlich.[138]

Der *Gender Crime Gap* lässt oft nicht einmal damit erklären, dass Männer einfach mehr Möglichkeiten haben, straffällig zu werden. Zum Beispiel die Straftat »Beförderungserschleichung«, besser bekannt als (wiederholtes) Schwarzfahren. Das

Geschlechterverhältnis müsste hier eigentlich ausgeglichen sein. Frauen und Männer nutzen den ÖV ungefähr gleich oft.[139] Trotzdem waren 75 Prozent der 113 000 Tatverdächtigen im Jahr 2020 Männer. Nicht nur das. Dass sie häufiger schwarzfahren geben Männer in Umfragen sogar freimütig zu.[140]

Zwar wurde das Geschlecht der Täter immer schon statistisch erhoben, aber mit einem gewissen Desinteresse. Erst seit 2013 werden detaillierte Angaben über die Täter-Opfer-Beziehungen gemacht.[141] Angriffe auf Polizisten oder Missbrauch von Patientinnen werden so besser sichtbar. Aber auch erst seither ist es möglich, eine Zahl zu erheben, die heute oft durch die Presse geht: dass nämlich jeden dritten Tag eine Frau von ihrem Partner oder Ex-Partner getötet wird.

Wie wir im letzten Kapitel bereits gesehen haben, rückte in Deutschland ab der Jahrtausendwende häusliche Gewalt stärker in den Fokus. Wie diese Gewalt zu deuten ist, darum dreht sich heute die politische Auseinandersetzung. Und wieder geraten Migranten in den Fokus.

Dass körperliche häusliche Gewalt ganz überwiegend von Männern ausgeht, daran besteht kein Zweifel. Dunkelfeldstudien zeigten, dass jede zwanzigste Frau deutscher Herkunft in ihrer aktuellen Partnerschaft Opfer schwerer körperlicher, psychischer und / oder sexualisierter Gewalt wurde. Bei Frauen sowjetischer Herkunft war es jede zehnte, bei türkischer jede sechste. Diese Zahlen erhob das Interdisziplinäre Zentrum für Frauen- und Geschlechterforschung (IFF) der Universität Bielefeld im Auftrag des Familienministeriums. Der Bericht erklärt das vor allem mit der schwierigeren sozialen Lage, in der sich Frauen türkischer Herkunft häufiger befinden, da sie ökonomisch abhängiger sind von ihrem Mann. Er schreibt aber auch, dass »traditionelle Werte und Normen, die die Unterordnung von Frauen im Geschlechterverhältnis, männliches Dominanzverhalten und die Akzeptanz von Gewalt gegen Frauen in Paarbeziehungen abstützen, zu höheren Gewaltausmaßen beitragen« können.[142]

Schon war der Migrationshintergrund wieder im Zentrum der Diskussion, diesmal von politisch konservativer und rechter Islamkritik, aber auch Teilen der feministischen Bewegung. Man konnte es am Beispiel der Ehrenmorde verfolgen, also Tötungsdelikte von Männern an Frauen zur »Wiederherstellung der *kollektiven* Familienehre«, wie es in einem Bericht des Bundeskriminalamts von 2011 heißt. Anders als bei einem Mord aus Eifersucht, Kränkung oder Rache heiße das soziale Umfeld den Ehrenmord gut.[143] Deshalb sei im »idealtypischen Fall eines Ehrenmords« der ausführende Täter auch nicht der Ehemann, sondern ein Mann ihrer Herkunftsfamilie.[144] Verteidigt werde dabei eine Ehre, wie es sie noch in Gesellschaften gebe, die »eine vorindustriell-agrarische Wirtschaftsstruktur« haben, in denen die »Großfamilie als Wirtschafts- und Lebenseinheit« zentral sei und eine »ausgeprägt patriarchale, männlich dominierte Kultur« herrsche. Das Phänomen, betonte der Bericht, sei ein nicht »ausschließlich oder ursprünglich islamisches«.[145] Faktisch lief es aber darauf hinaus. 78 Fälle zwischen 1996 und 2005 zählte der Bericht.

Das Bild des Zuwanderers verkehrte sich nun aber ins Gegenteil. Nicht mehr Affektivität wurde ihm unterstellt, sondern Planung und Kalkül. Zwar sah man auch im Ehrenmord noch eine emotionale Komponente, aber dem Täter Planung zu unterstellen, erhob den Totschlag zum Mord.

Abgegrenzt wurde der Ehrenmord von der »Tötung des weiblichen Intimpartners«, welche spontan und affektiv »aus Gefühlen wie Eifersucht, tiefer Kränkung, Enttäuschung, Wut oder Rache« geschehen (und vom sozialen Umfeld nicht gutgeheißen) würde.[146] Das war insofern paradox, weil es nun der

Mann aus dem industriellen Westen war, dem die Irrationalität und Emotionalität unterstellt wurde, wenn er seine Partnerin aus Eifersucht, Kränkung, Enttäuschung, Wut oder Rache »affektiv« tötete. Dieser Argumentation folgten bislang auch die Gerichte, wenn sie solche Taten nur als Totschlag verurteilten, weil der Täter das Opfer »nicht verlieren« wollte, wie es der Bundesgerichtshof in einem Urteil von 2008 ausdrückte.[147]

Vor allem (aber längst nicht nur) die feministische Linke kann das nicht länger gelten lassen. Sie argumentiert, dass auch hinter diesen Taten ein patriarchaler Besitzanspruch steckt, der keineswegs nur »vorindustriell-agrarisch« oder »mediterran« geprägt, sondern im Westen genauso tief verwurzelt sei. Was medial als »Beziehungsdrama« beschrieben würde, sei in Wirklichkeit männliches Besitzdenken und nicht weniger zu rechtfertigen als eine vermeintliche Ehre. Dieser Femizid aber sei das eigentliche Problem – und bräuchte eine eigene kriminalstatistische Kategorie.

Wer statistische Kategorien kreiert und kommentiert, steuert den Blick auf die Kriminalität. Es waren (deutsche) Männer, die die Kategorien entwickelten. Sie machten marginale Zahlen wie die Kriminalität von »Landfahrern« groß und die von Männern klein – sie prägen unsere Debatten bis heute.

Be(un)ruhigende Zahlen

D*er abenteuerliche Simplicissimus*, ein dicker Roman aus dem Jahr 1668, handelt (unter vielem anderen) von den »Grausamkeiten in diesem unserm Teutschen Krieg«, also dem Dreißigjährigen Krieg. Das Buch erzählt die Geschichte von einem Jungen, der fliehen muss, nachdem der Hof seiner Eltern im Spessart von Soldaten überfallen wird. Die Szene ist grausam:

> *Nun erst fing man an, die Feuersteine von den Pistolen ab- und, statt ihrer, die Daumen der Bauern hineinzuschrauben und die armen Kerle so zu foltern, als wollten sie Hexen verbrennen, wie sie denn auch einen von den gefangenen Bauern in den Backofen steckten und mit Feuer hinter ihm her waren, obwohl er noch gar nichts gestanden hatte. Einem anderen banden sie ein Seil um den Kopf und drehten es mit einem Knebel so zusammen, dass ihm das Blut zu Mund, Nase und Ohren herausspritzte.*[148]

Der Junge wird später Soldat, Offizier und schließlich Überläufer und Einsiedler. »Simplicissimus« erzählt von einem Leben im Krieg. Von einem Leben in einer Zeit, als Krieg normal war. Es gab kaum Jahre (siehe Punkt A in Abb. 12), in der sich

Großmächte nicht bekriegten. Und die Brutalität dieser Kriege ging nicht nur von marodierenden Soldaten aus, die Höfe im Spessart überfielen. Die Einführung von Berufsarmeen, die mit »Drill, Doktrin und brutalen Strafen« ausgebildet wurden, wie es der Gewaltforscher Steven Pinker beschreibt (er kam im vorletzten Kapitel bereits ausführlich vor), systematisierten die Gewalt. »Wenn zwei solche Armeen aufeinandertrafen, konnten sie im Handumdrehen eine Riesenzahl von Toten anhäufen«, schreibt Pinker.[149] Befeuert worden seien sie noch durch religiösen Eifer. Die Religionskriege im 16. und 17. Jahrhundert – die Hugenottenkriege in Frankreich oder der Dreißigjährige Krieg – seien entsetzlich gewesen.[150]

Doch dann, zu Beginn des 18. Jahrhunderts (Abb. 12, Punkt B), scheint sich etwas zu verändern. Die Zahl der Jahre, in denen sich Großmächte bekriegen, nimmt rapide ab. Im 19. Jahr-

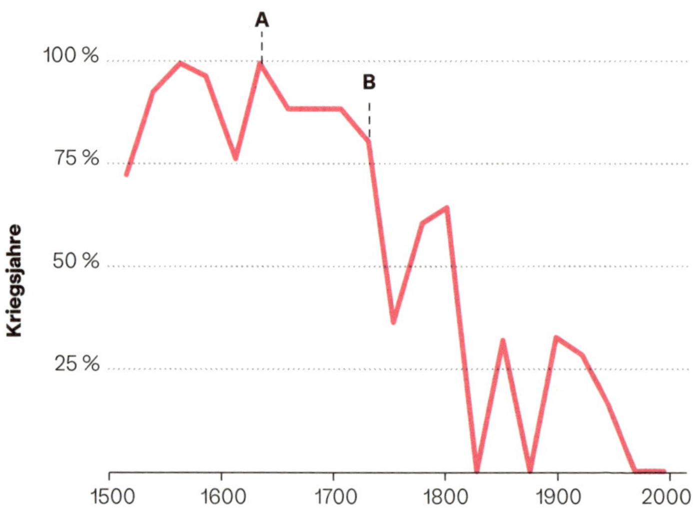

Abb. 12: Prozentzahl der Jahre, in denen sich Großmächte bekriegten, aufgeteilt in Perioden von 25 Jahren. Quelle: Levy/Thompson, 2011, via Pinker, 2011.

hunderts sehen wir sogar erste 25-Jahres-Perioden, in denen die Zahl der kriegerischen Jahre gleich null ist.

Die Aufklärung im 18. Jahrhundert scheint etwas in den Köpfen verändert zu haben. Philosophen entwickelten die Idee von Freiheit und Lebensglück für jeden Einzelnen. Manche Staaten – Großbritannien und später die USA – erprobten sogar erste Formen von Demokratie. Krieg galt nicht mehr als nobel, sondern als Mord, argumentierten Autoren. Das religiöse Element soll an Bedeutung verloren haben, zugunsten von Pragmatismus. »Da der religiöse Eifer nachließ, wurden keine Kriege von endzeitlicher Bedeutung mehr ausgefochten, so dass die Herrscher einen Handel abschließen konnten, statt bis zum letzten Mann zu kämpfen«, schreibt Pinker. Anstatt zu erobern, hätten europäische Großmächte den Handel entdeckt. Er war für beide Seiten lukrativer.[151] Doch damit nicht genug: Das 19. Jahrhundert sei eine Zeit der Friedensbewegungen geworden, die noch weitreichendere Ziele verfolgten als nur das Beenden von Kriegen. Die Sklaverei sollte abgeschafft werden, Rechte von Frauen erweitert.[152]

Zwar gab es immer wieder Rückfälle. Auf die Französische Revolution folgten die Napoleonischen Kriege. Sie gehörten, so Pinker, mit bis zu vier Millionen Todesopfern zu den »21 schlimmsten Dingen, die Menschen einander jemals angetan haben«.[153] Und dann natürlich die Weltkriege. Pinker erklärt sie so, dass eigentlich bereits der »absurde« Erste Weltkrieg, der nur mit einem Streit um Ehre begann, dem »romantischen Militarismus« ein Ende setze. Hitler habe aber diese »Kriegsmüdigkeit der Welt« ausgenutzt, um praktisch als einzelner Mann das größte Blutbad der Menschheit anzurichten. Nach 55 Millionen gestorbenen Menschen nach dem Zweiten Weltkrieg sei »die Welt wieder einmal so weit« gewesen, »dass der Frieden eine Chance hatte«.[154]

Institutionen wie die Vereinten Nationen wurden geschaffen, um fortan für Frieden zu Sorgen. Großmächte gaben ihre Kolonien auf. Es entstanden so viele Demokratien wie noch nie. Waren es um 1950 gerade mal zwanzig, sind es heute ungefähr hundert, die halbe Welt.[155] Für den Frieden ist das bedeutend: Demokratien führen keine Kriege gegen Demokratien. Zieht ein (demokratisches) Land dennoch in den Krieg, löse das heute enorme Proteste aus, so Pinker.[156] Die Demonstrationen gegen den Irakkrieg gehören zu den größten, die die Bundesrepublik je erlebt hat. Dabei war Deutschland noch nicht einmal am Krieg beteiligt.

Steven Pinker ist nicht der einzige Wissenschaftler, der die These von stetig sinkender Gewalt und einem »Langen Frieden« seit 1945 vertritt – wenn auch wahrscheinlich der prominenteste. Für uns ist er deshalb interessant, weil er so viel mit Zahlen und Statistiken argumentiert. Die Kurve zu Beginn des Kapitels (Abb. 12) ist nur eine von vielen in seinem Standardwerk *Gewalt*. Vor allem die Zahl Null hat bei Pinker einen besonderen Stellenwert, wenn er aufzählt, was seit 1945 alles bei null stehen würde.

Gezündete Atombomben: null.

Supermächte, die sich auf einem Schlachtfeld gegenüber standen: null.

Westeuropäische Länder, die sich bekriegten: null.

Industrienationen, die ihr Territorium erweitert haben: null (das Buch erschien vor der Annexion der Krim).

Anerkannte Staaten, die von der Landkarte verschwunden sind: null.[157]

Angesichts dieser vielen Nullen liegt die Idee nicht fern, Armeen ganz abzuschaffen.

Mit seinen Diagrammen erinnert Pinker ein wenig an den schwedischen Mediziner Hans Rosling aus dem ersten Kapitel, der predigte, dass die Welt immer besser würde, und in Statistik eine »Glückspille« sah. Pinker scheint das ähnlich zu sehen. In einem Interview sagte er einmal, er versuche, seine Ängste und sein Denken »von Zahlen leiten zu lassen«. Statistik mache ihn dabei ziemlich immun gegen Angst.[158] Und so wie Rosling darauf herumritt, dass es der Pessimismus von Journalisten und Aktivisten sei, weshalb die Menschen nicht sähen, dass die Welt immer besser würde, so reitet auch Pinker auf der Objektivität seiner Zahlen herum. Dass die Kassandrarufe, die Welt würde immer gefährlicher, nicht aufhörten, sei der »Rechenschwäche unserer journalistischen und intellektuellen Kultur« geschuldet, behauptet er.[159]

Die Frage ist nur: Kann Pinker besser rechnen?

Dass der weltweite Frieden womöglich trügerisch ist, sieht man bereits, wenn man auf einer Zeitachse statt der zwischenstaatlichen Kriege die Rate der Todesopfer etwa im europäischen Großraum untersucht (Abb. 13). Sie ist ebenfalls in Pinkers Buch abgedruckt. Aber sie erzählt eine etwas andere Geschichte. Wieder fallen die Religionskriege im 17. Jahrhundert (Punkt A) und die Napoleonischen Kriege im 19. Jahrhundert (Punkt B) auf. Und natürlich die Weltkriege (Punkt C). Wir sehen, dass das Zeitalter eines ständigen kriegerischen Grundrauschens zwar vorbei ist, aber wenn in der Moderne etwas passiert, dann eskaliert es gleich richtig. Und es genügt ein so kleines Ereignis wie die Erschießung eines Thronfolgers durch einen Extremisten, um einen ganzen Weltkrieg auszulösen. So »absurd« der Erste Weltkrieg gewesen sein mag, vom Zaun gebrochen, weil Österreich-Ungarn Serbien ein Ultimatum stellte, sich für das Attentat zu entschuldigen: Er ist passiert.[160]

Wir sehen außerdem, dass es im 19. Jahrhundert schon einmal eine ruhige Zeit gab, in der es statistisch beinahe nach

Weltfrieden aussah (Punkt D). Und in der Tat erschienen damals Bücher wie die des Franzosen Auguste Comte über eine neue »Religion der Menschlichkeit«. Man sei angekommen in einer Zeit des Friedens. Sie alterten nicht gut.

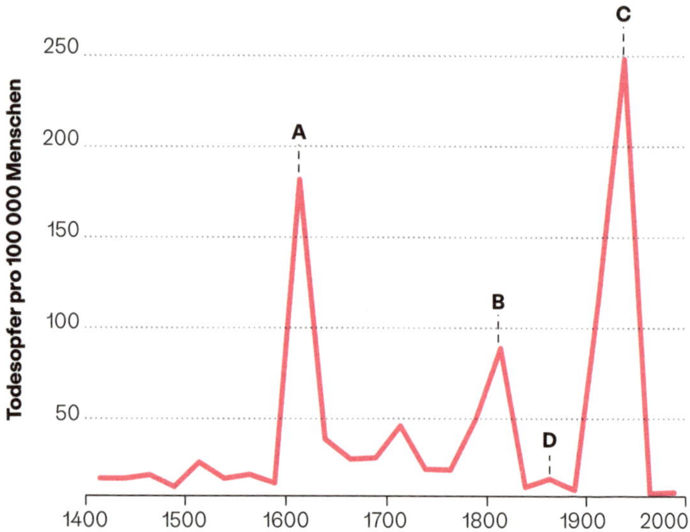

Abb. 13: Todesrate infolge von Kriegen im europäischen Großraum in Perioden von 25 Jahren. Quelle: Pinker, 2011.

Man könnte sogar noch weiter gehen und aus der Statistik die Gewichtung der Todesopfer herausnehmen. Also die Opfer nicht mehr pro 100 000 Menschen zählen, sondern absolut. Dann wären die Kriege vor dem 19. Jahrhundert kaum noch sichtbar. Statistisch mag es üblich sein, die Zahlen umzurechnen, aber es macht einen Tod ja nicht weniger schlimm, wenn es einer von einer Million oder einer von 100 000 ist. Durch das Gewichten läuft man außerdem Gefahr, ungleiche Verteilungen zu kaschieren. Wird eine Volksgruppe zum gezielten Opfer eines Kriegs, lässt sich diese Grausamkeit nicht dadurch relativieren, dass der Rest der Bevölkerung unversehrt geblieben ist.[161] Gewichtungen der Opferzahlen an der Weltbevölkerung kaschieren die unfassbare Brutalität des 20. Jahrhunderts.

Hinzu kommt, dass Opferzahlen mittelalterlicher und antiker Kriege notorisch unzuverlässig sind. Statistisch erhoben wurden sie nicht. In früherer Zeit hatten sie sogar oft nur illustrativen Charakter. Dabei verändert sich auch stets, wer Opfer von Kriegen wird. Im Ersten Weltkrieg waren etwa eine Million von neun Millionen Todesopfer Zivilisten. Im Zweiten Weltkrieg war es bereits die Hälfte der 55 Millionen. Kriege zwischen (mächtigen) Staaten mögen dank politischer Institutionen seltener und weniger brutal geworden sein. Das macht sie aber nicht weniger destruktiv. »Anstatt einer Auseinandersetzung zwischen zwei gut organisierten Staaten, die irgendwann einen Frieden aushandeln können, ist [der Krieg] heute oft ein Konflikt mit vielen Fronten in zersplitterten oder kollabierten Staaten, über den niemand die Macht hat, ihn zu beenden«, schreibt der Philosoph und Pinker-Kritiker John N. Gray.[162]

Wir haben statistisch aber noch ein grundsätzliches Problem, wenn wir Schlussfolgerungen aus Zahlen wie diesen ziehen. Die meisten Kriege sind klein. Einige wenige aber sind riesig. Dabei ist nach oben fast keine Grenze gesetzt. Wenn man es mit solchen Ereignissen zu tun hat, muss man statistisch etwas umdenken. Aber es ist im Grunde ganz einfach. Die Körpergrößen von Menschen zum Beispiel folgen einer sogenannten Normalverteilung. Es gibt sehr wenige sehr kleine Menschen und sehr wenige sehr große. Die meisten verteilen sich um den Durchschnitt. Man spricht von einer Glockenkurve, weil die Verteilung die Form einer Glocke hat. Mit normalverteilten Zahlen lässt es sich leicht arbeiten. Wir haben zwar im Kapitel »Adam und / oder Eva« gesehen, dass es tückisch sein kann, sich an durchschnittlichen Körpergrößen zu orientieren, etwa bei Crashtest-Dummys. Aber wenn man neben dem Durchschnitt noch jeweils die Menschen aus den Gruppen der größten und kleinsten 5 Prozent berücksichtigt, kann man einen Autositz entwickeln, in dem alle sicher Platz haben. Die Wahrscheinlichkeit, dass ein fünf Meter großer Mensch einsteigen möchte, ist dann doch eher gering. Geschweige denn ein fünfzig Meter großer.

Ganz anders, wenn auf einem Gebiet sogenannte schiefe Verteilungen herrschen, zum Beispiel eine Pareto-Verteilung. Sie ist benannt nach Vilfredo Pareto, einem italienischen Ökonomen und Soziologen aus dem 19. Jahrhundert, der Eliten erforschte. Anders als bei den Körpergrößen gibt es zum Beispiel bei den Vermögen oder der Größe von Städten sehr viele sehr kleine und nur wenige extrem große. Der Durchschnitt bei solchen Verteilungen sagt nicht mehr viel aus.

Noch einen Schritt weiter geht man, wenn man alle Werte nimmt, die einen bestimmten Extremwert überschreiten (beispielsweise einen sehr hohen Pegelstand eines Flusses) und sich anschaut, nach welcher Regelmäßigkeit sich diese verteilen. Mit der Wahrscheinlichkeit von solchen seltenen, aber extremen Ereignissen beschäftigt sich die Extremwerttheorie. Sie interessiert sich für das, was auf Diagrammen in den Durchschnitten untergeht.

Die Statistiker Pasquale Cirillo von der Technischen Universität Delft und Nassim Taleb von der New York University (derselbe, den ich bereits in der Einleitung erwähnt habe) untersuchten zum Beispiel Epidemien. Von solchen mit mehr als 1000 Todesopfern fanden sie über die letzten 2500 Jahren nur gerade 72. Und auch die meisten von diesen forderten weniger als 100 000 Menschenleben. Nur eine Handvoll hatten Opferzahlen von einer bis zu 200 Millionen zur Folge. Aber schaut man sich diese 72 Epidemien auf einem Diagramm an, sieht man, dass die riesigen zwar selten sind, aber eben doch mit seltener Regelmäßigkeit auftreten.[163] Überraschend ist also nur, dass die Menschheit von solchen Ereignissen offenbar auch heute noch überrascht wird.

Mit der gleichen Methode werteten die beiden Statistiker auch 565 Kriege mit mindestens 3000 Todesopfern in den letzten 2000 Jahren aus. Sie wollten wissen, ob die Welt – statistisch – tatsächlich friedlicher geworden ist. Ob wir uns derzeit wirklich in einem »Langen Frieden« befinden. Sie untersuchten dazu die zeitlichen Abstände, mit denen ein Krieg einer gewissen Größenordnung auftritt. Dabei kamen sie zu dem Schluss: Dass es in den letzten sechzig Jahren keinen Konflikt mehr gegeben hat mit beispielsweise über fünf Millionen Todesopfern, sei »höchst unzureichend, um zu behaupten, die Wahrscheinlichkeit davon sei über die Zeit kleiner geworden«. Die Abstände zwischen solchen Konflikten seien 93 Jahre.[164] Der »Lange Frieden« ist noch zu kurz.

Cirillo und Taleb können damit nicht sagen, dass die Welt weniger friedlich geworden, friedlich geblieben oder kriegerischer geworden ist. Sie können damit nur sagen, dass die Daten die Schlussfolgerung, die Welt sei friedlicher geworden, nicht hergeben – auch wenn sie optisch danach aussehen.

Das mag unbefriedigend klingen. Und genau das ist der Punkt. Taleb – einst Börsenhändler – wurde bekannt mit seinem Buch über »Schwarze Schwäne«, extrem seltene Ereignisse, die niemand vorhersieht und die enorme Konsequenzen haben. Er warnte bereits vor dem Börsencrash von 2008 vor statistischen Modellen, die mit ihren Durchschnittswerten früherer Schwankungen den Eindruck erweckten, alles unter Kontrolle zu haben, obwohl man sich auf den Finanzmärkten in einem Extremwert-Territorium bewegt. Taleb vertritt heute den Standpunkt, dass die globale Vernetzung die Welt nicht sicherer gemacht hat, sondern fragiler und anfälliger für Katastrophen: »Irrtümer breiten sich global aus und verschlimmern die Gesamtsituation«[165], schreibt er in *Antifragilität*.

Steven Pinker, der sich gerne mit Statistik in Sicherheit wiegt, ist natürlich klug genug, nicht auszuschließen, dass auch ein dritter Weltkrieg möglich ist. Aber er beklagt: »Das aufgeblasene amerikanische Militärbudget ist notorisch begründet mit dem Denken in Schwarzen Schwänen, mit seinen verschwenderischen Überseestützpunkten und Waffensystemen, die jede militärische Eventualität antizipieren ohne Rücksicht auf ihre Wahrscheinlichkeit.«[166] Das ist die größte Kritik an der Extremwerttheorie. Ressourcen sind knapp, und wir können uns nicht auf jede Eventualität vorbereiten.

Ich behandle das Thema aber deshalb, weil uns – die wir nicht im Katastrophenschutz oder der Versicherungsbranche arbeiten – die Extremwerttheorie etwas viel Einfacheres lehrt: Es gibt zwei Arten von Zahlen. Normale und explosive. Oberflächlich betrachtet sehen sie gleich aus, und gerade im Journalismus, wo man gerne Zahlen vergleicht, vergleichen wir oft Zahlen, die man nicht vergleichen sollte. Grippe- und Coronatote zum Beispiel, wie es in der Frühphase der Pandemie auch in der Presse noch üblich war. Oder die Zahl der Todesopfer von Terror mit jenen im Straßenverkehr, um die Angst vor Terror zu relativieren. Ich muss gestehen: Ich habe das auch schon mal gemacht. Doch Autounfälle sind isolierte Ereignisse in einem nicht besonders komplexen System, das viel Spielraum für Fehler hat. Ein Autounfall auf der Autobahn kann zwar einen zweiten Unfall auslösen und im schlimmsten Fall eine Massenkarambolage, in der womöglich auch noch ein Reisebus verwickelt ist. Aber spätestens dann kommt der Verkehr zum Erliegen. Ein Terroranschlag hingegen kann so groß sein wie der 11. September mit fast 3000 Todesopfern und auf ein komplexes politisches System einwirken, wo eines zum Nächsten führt und ein einziger Anschlag einen Krieg provozieren kann. Wir sollten uns niemals mit schiefen Vergleichen in falscher Sicherheit wiegen.

Friede, Freude, Pustekuchen

Zur Feier von siebzig Jahren Frieden nach dem Zweiten Weltkrieg ließ die Europäische Kommission ein Diagramm anfertigen, das seither immer wieder durch die Sozialen Medien geistert als Argument für die Europäische Union. »Die, die an Europa zweifeln, sollten unsere Kriegsfriedhöfe besuchen«, hatte der damalige Kommissionspräsident Jean-Claude Juncker mehrfach gesagt. Dort könne man sehen, zu was ein Nicht-Europa führe.

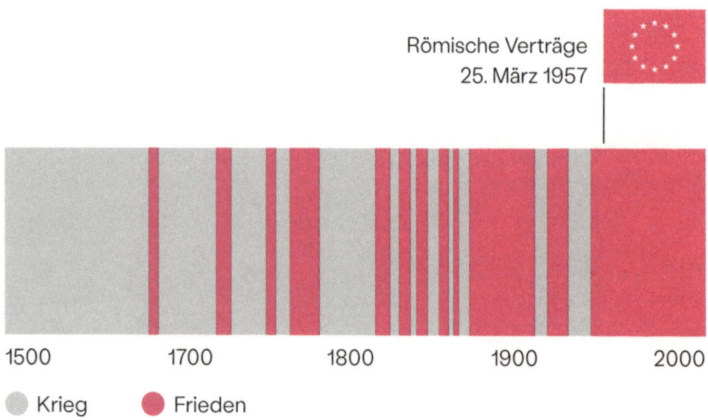

Abb. 14: Krieg und Frieden in Europa. Übernommen und adaptiert von der Europäischen Kommission.

Das Diagramm sagt im Grunde das Gleiche, nur nüchterner: Die EU brachte Europa Frieden, nach fast 500 Jahren ständiger Kriege. Diese These von der *Pax Europaea* ist eine der wichtigsten Rechtfertigungen für ein europäisches Bündnis. Zum ersten Mal seit dem Zweiten Weltkrieg gibt es heute in Brüssel und Straßburg einen gemeinsamen Ort, um Konflikte politisch statt militärisch zu lösen. Der europäische Binnenmarkt machte Kriege schlicht und einfach nicht mehr lukrativ. Und die Schengener Abkommen beziehungsweise der freie Personenverkehr bauten Vorurteile zwischen den Nationen ab. So zumindest die Idee.

Aber hat die EU tatsächlich Europa Frieden gebracht? Oder zumindest erhalten? Machen wir ein Gedankenexperiment und schauen das Diagramm aus der Sicht eines Medizinstatistikers an (oder eines Statistikers, der eigentlich Historiker ist). Nehmen wir einmal an, dass die Europäische Union eine medizinische Behandlung gegen Krieg wäre. Der Anbieter dieser Therapie würde sie genau so verkaufen wie in diesem Diagramm: Die Patienten (europäische Staaten) wurden 450 Jahre lang immer wieder krank (kriegten Krieg), aber seit sie mit dieser neuartigen Therapie (EU) behandelt werden, bleiben Erkrankungen aus. Schlussfolgerung: Die Therapie wirkt!

Würden die Resultate dieses Experiments in einer medizinischen Fachzeitschrift veröffentlicht, würde sie unter medizinischen Fachleuten mehr Skepsis auslösen als Euphorie. Denn diesem Experiment namens EU fehlt so ziemlich alles, was eine solide medizinische Studie ausmacht. Schlimmer noch: In dieser Statistik steckt alles, womit man medizinische Studien so zurechtbiegen kann, damit sie das gewünschte Ergebnis liefern.

Erstes Problem: Keine stabile Gruppe von Probanden. Das Experiment EU begann als europäische Gemeinschaft von sechs Staaten (Frankreich, Italien, Deutschland und die Benelux-Länder). Erst im Laufe der Zeit kamen weitere hinzu – und einer der Probanden verließ den Versuch auf eigenen Wunsch. Wird auf diese Weise für eine medizinische Studie rekrutiert, sollte man bereits genauer hinschauen.

Die Auswahl dieser Probanden war nicht zufällig. Nur Länder, in denen Frieden herrschte, konnten am Experiment teilnehmen. Wer in einen Krieg verwickelt oder akut kriegsgefährdet war, kam nicht in die Studie. Kroatien zum Beispiel stellte erst 2003 einen Beitrittsantrag, da war die EU-Osterweiterung bereits in vollem Gange. Das ist so, wie wenn man nur Gesunde in eine Studie aufnimmt, die keiner Risikogruppe angehören, und dann erstaunt ist, dass sie alle gesund bleiben (solche Stichprobenverzerrungen sind leider nicht ungewöhnlich, viele psychologische Experimente beispielsweise werden nur mit jungen, gut ausgebildeten Probanden durchgeführt: den Studentinnen und Studenten der Psychologie).

Zweites Problem: Die Definition von Krieg und Frieden, die der Grafik zugrunde liegt, ist sehr eng und undifferenziert. Untersucht wird nur, ob die Länder keinen Krieg untereinander führen. Als 1957 die Römischen Verträge unterzeichnet wurden zur Bildung der Europäischen Wirtschaftsgemeinschaft (EWG), befand sich Frankreich noch immer im Algerienkrieg (Algerien war als französische Kolonie sogar Teil der EWG). Belgien führte kurz darauf Krieg im Kongo. Und noch 1982 hielt die Mitgliedschaft in der Europäischen Gemeinschaft Großbritannien nicht davon ab, sich mit Argentinien über die Falklandinseln zu bekriegen. Der Bürgerkrieg in Nordirland wurde durch die Gemeinschaft nicht vollständig befriedet. Die Kriege auf dem Balkan geschahen auch auf dem Gebiet der heutigen EU. All diese Konflikte spart die Grafik aus.

»Würde jemand aus Sicht von Kroatien auch von einem siebzigjährigen Europäischen Frieden sprechen? Eher nicht«, sagt Kiran Klaus Patel, Professor für Europäische Geschichte an der Ludwig-Maximilians-Universität in München und Autor des Buches *Projekt Europa – Eine kritische Geschichte*. Es ist zwar richtig: Wenn Staaten einmal in der Europäischen Gemeinschaft (EG) oder Union waren, bekriegten sie sich nicht mehr. Allerdings liefen viele Mitgliedsstaaten ohnehin nicht mehr Gefahr, nochmals Krieg zu führen. »Sogar ein neuer Krieg zwischen Frankreich und Deutschland war nach dem Zweiten Weltkrieg allein durch die Präsenz der US-Truppen unwahrscheinlich«, ergänzt Patel.

Als weiterer Grund, weshalb die EU Krieg verhindert, gilt, dass sie Demokratie fördert. Denn Demokratien führen keine Kriege gegen Demokratien, besagt eine gängige politikwissenschaftliche Theorie. Als in Spanien, Portugal und Griechenland die Diktaturen zusammenbrachen, war keineswegs ausgemacht, dass daraus politisch stabile Demokratien werden würden. Ihr baldiger Beitritt zur Europäischen Gemeinschaft in den achtziger Jahren sorgte jedoch mit dafür. Autokratische Kräfte haben es schwerer durchzuregieren, wenn die übergeordnete EU einem demokratische Regeln auferlegt. Recep Tayyip Erdoğan in der Türkei und Viktor Orbán mögen vom gleichen autoritären Schlag sein und ihre Länder autokratisch umbauen wollen. Orbáns Möglichkeiten dafür sind durch die EU sehr viel stärker eingeschränkt als jene von Erdoğan.

Was uns zum dritten Problem führt: dem Wirkmechanismus. Um in der Medizin zu verhindern, dass man in Studien nur scheinbares Zusammenwirken mit echter Wirkung verwechselt, sollte man vor einem Experiment immer eine These aufstellen, warum man glaubt, dass zwei Dinge ursächlich zusammenhängen. Gute medizinische Studien werden außerdem vorab in öffentlichen Datenbanken registriert, mit einer detaillierten Beschreibung, was man wie testen möchte. Damit soll verhindert werden, dass Therapien, die in einer Studie vielleicht nur eine zufällige Nebenwirkung zeigen, im Nachhinein so hingestellt werden, als hätte man genau das untersuchen wollen. Doch genau das macht das Friedensdiagramm der EU. »Mit dem Fähnchen wird insinuiert, dass die Europäische Gemeinschaft der entscheidende Einschnitt gewesen sei. Dabei ist diese Kausalität keineswegs klar«, sagt Patel. »Die Flagge existierte damals als Symbol noch nicht einmal.« Erst seit 1985 ist sie offizielles Symbol der EG und künftigen EU.

Die EG war nach dem Zweiten Weltkrieg nur eine von vielen internationalen Organisationen, die in Europa geschaffen wurden. Besonders bedeutend war sie nicht. Die OECD (damals noch OEEC) zum Beispiel hatte lange bessere Karten, zur dominanten europäischen Gemeinschaft zu werden. Überhaupt war zur »Festigung des Friedens« nicht die EG vorgesehen, sondern der deutlich größere Europarat. Und das auch nur zur Sicherung des inneren Friedens. Für äußeren Frieden und Sicherheit gab es die NATO. Die EG war also nicht das Friedensprojekt, als das sie im Nachhinein hingestellt wird.

»Es gab zwar von Anfang an die Rhetorik, dass man Frieden schaffen will. Aber die europäischen Institutionen hatten gar nicht die Kompetenzen dafür, oder – um bei der medizinischen Metapher zu bleiben: die Labore, die Wirkstoffe, die Spritzen«, so Patel. »Das Ziel war nie primär der Frieden. Man hatte eher zufällig dieses bestimmte Virus Krieg in den Griff bekommen.«

Viertes Problem, das sich daraus ergibt: der sogenannte *Publication Bias* oder die Publikationsverzerrung. Ein Problem in der Wissenschaft ist, dass interessante Ergebnisse eher veröffentlicht werden als vermeintlich uninteressante. Stellen Experimente zehnmal keinen Effekt fest, aber ein einziges Mal zufällig schon, besteht die Gefahr, dass nur dieses eine Ergebnis als Studie veröffentlicht wird – ein weiterer Grund, Experimente vorab zu registrieren.

Im Falle unseres EU-Experiments hätte auch alles ganz anders kommen können. Als größte Gefahr nach dem Zweiten Weltkrieg galt damals ein dritter Weltkrieg. In der Kubakrise 1962, als die Sowjetunion Raketen auf Kuba – vor der Haustür der USA – stationierte, stand die Welt kurz vor einem solchen Krieg. Die EG trug nichts zur Lösung bei. Im Gegenteil verschärfte sie den Konflikt zwischen Ost und West eher noch. »Wäre ein dritter Weltkrieg ausgebrochen und hätte es danach noch eine Geschichtswissenschaft gegeben, hätte man in der europäischen Integration wohl eher eine zusätzliche Eskalation des Ost-West-Konflikts gesehen«, schreibt Patel in seinem Buch.[167] So sehr, wie manche heute davon überzeugt sind, dass die EU Frieden stiftet, wären die fiktiven Historiker heute davon überzeugt, dass dieses Bündnis aus Frankreich, Italien und Westdeutschland, das den Eisernen Vorhang von Westen her zementierte, weitere Kriege in die Welt brachte. »Die Nachkriegsordnung war ein brutaler und sehr fragiler Frieden«, ergänzt Patel im Gespräch. »Die Probanden saßen sozusagen in einem Isolationstrakt des Krankenhauses, mit einsturzgefährdeter Decke.«

Und damit kommen wir zum fünften und letzten Problem: keine Kontrollgruppe, die mit einem Placebo behandelt wurden. Also Staaten, die womöglich auch ohne Union keine Kriege mehr geführt haben. Nur weil etwas gemeinsam auftritt, muss es nicht ursächlich zusammenhängen. »Geschichte ist immer multikausal, man kann sie nie nur mit einem Faktor erklären«, sagt Patel. Wir können nicht einmal sicher sein, was zuerst war: die Gemeinschaft und dann der Frieden oder erst der Frieden (aufgezwungen durch die Alliierten) und dann die Gemeinschaft? Die Bildung der heutigen europäischen Gemeinschaft fiel auch einfach in eine relativ friedliche Zeit. Es gab in den letzten Jahrzehnten nicht nur in Europa, sondern weltweit immer weniger zwischenstaatliche Kriege. Die EU könnte einfach Glück gehabt haben und verbucht nun etwas als Erfolg, dem sie in Wirklichkeit ihre Existenz zu verdanken hat.

Eigentlich geht es in diesem Buch ja nur um Diagramme, die ich als solide Darstellung vertreten kann. Dieses Diagramm der Europäischen Kommission ist also – zur Bestätigung der Regel – eine Ausnahme.

TEIL 3

Geld

Was ist Geld überhaupt?

Abb. 15: Schuldenuhr des Bundes der Steuerzahler in Berlin, Stand: 20. November 2021.

Das Schöne an Zahlen ist, dass sie einfach so für alle da sind. Sie haben keinen Ort, an dem sie gelagert werden. Einmal erhoben, können wir mit ihnen machen, was wir wollen und wo wir wollen. Eine Zahl aber hat einen Ort. Jemand hat sie sesshaft gemacht. Ihre Adresse ist die Reinhardtstraße 52 in 10117 Berlin. Man kann sich zu ihr führen lassen, indem man

»Schuldenuhr« ins Navi eingibt. Das führt einen dann zu einem schicken Bürogebäude in der Nähe des Bundestags, in dessen Fassade eine große rote Digitalanzeige eingelassen ist. 2 359 399 542 257 Euro Staatsschulden hatte Deutschland an jenem Samstagmorgen im November 2021, als ich die Schuldenuhr besuchte. Das sind 27 912 Euro pro Kopf.

In dem gläsernen Bürogebäude sitzt der Bund der Steuerzahler (BdSt), ein Verein, der sich für eine Beschränkung von Steuern und Staatsschulden engagiert. »Die Inspiration für die Uhr kam aus den USA, wo bereits in den achtziger Jahren an der New Yorker First Avenue eine Schuldenuhr installiert wurde. Das Thema Staatsschulden wurde damals kontrovers diskutiert«, sagt Reiner Holznagel, Präsident des BdSt, als ich ihn nach dem Ursprung der Anzeige frage. Der BdSt installierte in Deutschland erst eine Schuldenuhr in Wiesbaden, wo er vor seinem Umzug in die Hauptstadt seinen Sitz hatte, dann eine in Berlin. »Die alte Schuldenuhr konnten wir nur per Hand umstellen und mussten dazu auf eine Leiter steigen«, so Holznagel. Mittlerweile laufe die Aktualisierung über eine App.

Außerdem konnten die alten Uhren nicht rückwärts ticken, was ein Problem geworden wäre, als Deutschland ab 2018 erstmals gesamtstaatlich Schulden abbaute. Man ging beim BdSt offenbar nicht davon aus, dass das Land tatsächlich einmal die sogenannte »Schuldenbremse« ziehen und auf eine Schwarze Null hinarbeiten würde. Die Uhr war ständige Mahnung, nicht konkretes politisches Ziel.

Die Reinhardtstraße ist eine reine Büromeile ohne viel Publikumsverkehr. Selbst Berlin-Touristen dürften die Schuldenuhr kaum je gesehen haben. Ihr Einfluss ist rein medial. Das Haus der Bundespressekonferenz, wo die Regierung der Presse Rede und Antwort steht, ist gleich gegenüber. Kamerateams sind also schnell vor Ort. »In der Berichterstattung gibt die Schuldenuhr immer ein markantes Bild her«, sagt Holznagel. So kennt man die Uhr im ganzen Land. Sie macht politische PR.

Der Bund der Steuerzahler ist eine Lobbyorganisation. Dass die FDP ihre Büros in derselben Straße nur ein paar Häuser weiter hat, mag Zufall sein. Eine Nähe zu ihren politischen Positionen darf man dem BdSt trotzdem unterstellen. »Wir wollen vor allem eine faire Steuerbelastung für alle und weniger Staat, der dafür aber deutlich effizienter arbeitet. Und wir glauben, dass die Umverteilung eine Obergrenze erreicht hat«, formuliert es Holznagel. Und er ergänzt: »Unsere meisten Mitglieder sind kleine und mittelständische Unternehmer.«

Nun hat die Schuldenuhr auch einen linken Gegenspieler. Nur ein paar Hundert Meter weiter, an einem Gebäude der Gewerkschaft Verdi, hängt die »Reichtumsuhr«. Ihre Digitalanzeige soll das Nettovermögen der deutschen Bevölkerung, die Schulden der öffentlichen Haushalte und den Besitz des reichsten 0,1 Prozent der Bevölkerung anzeigen. Leider läuft die Uhr nicht mehr. Es leuchten nur noch ein paar rote Punkte.

Aber um diese Zahlen soll es in diesem Kapitel nicht gehen. Ich will auf etwas Grundsätzlicheres hinaus, nämlich die Frage: Was ist die Funktion von Geld? Und warum verändert sich der Blick auf die Schuldenuhr vollständig, je nachdem, wie wir diese Frage beantworten. Das klingt nach einem langen Kapitel – ist aber ein eher kurzes. Dieses Kapitel soll nur ein Sprungbrett sein für die beiden nächsten, zu den Themen globale Ungleichheit und Arbeitslosigkeit, die eng mit der Frage nach dem Wesen von Geld verbunden sind.

Nach dem Abitur (beziehungsweise der Matura) habe ich das Schulbuch für »Wirtschaft und Recht« verbrannt. Aber ich glaube, mich vage zu erinnern, dass auch in diesem die Geschichte von der Entstehung des Geldes so beschrieben wurde, wie sie in vielen Lehrbüchern steht. Die Geschichte ist so allgegenwärtig, dass man sie anhand einer alten Folge der *Sendung mit der Maus* nacherzählen kann: »Vor vielen, vielen Tausend Jahren, als unsere Vorfahren, die Steinzeitmenschen, noch barfuß und in Felle gekleidet durch die Gegend liefen, gab es noch kein Geld«, sagt Moderator Armin Maiwald, während er (so sieht es mit der Brille unter dem falschen Bart und der wilden Perücke zumindest aus) vor einer Steinzeitkulisse dümmlich auf und ab geht. Man habe Geld aber auch noch nicht gebraucht, weil es noch keine Geschäfte gegeben habe. »Alles, was man zum Leben benötigte, besorgte man sich vor der Haustür, oder man machte es selbst«, so der Moderator. Mühsam sei das aber geworden, wenn man zum Beispiel als Fischer einen Tonkrug haben wollte, den man nicht selbst machen konnte. Der Weg zum Hersteller von Tonkrügen aber war weit, und wenn man als Fischer dort ankam, brauchte dieser keine Fische oder die Fische rochen bereits schlecht. »Alles sehr unbequem und unpraktisch«, so der Moderator. Deshalb habe man nach einem Ausweg gesucht. Glücklicherweise hätten die Ureinwohner der Pazifikinsel Yap »eine neue Idee« gehabt: Steine als »Zwischentauschmittel« aus einem seltenen Material. Diese Steine könne man als das erste Geld bezeichnen.[168] Unbeantwortet bleibt in der Sendung, wie die Idee von Yap zu »unseren Vorfahren« gelangte. Aber das ist das kleinste Problem der Geschichte.

Die Erzählung vom Ursprung des Geldes als Tauschmittel ist deshalb so schön und beliebt, weil sie im Herstellen und Handeln von Dingen die Natur des Menschen sieht. Am Anfang war demzufolge die Produktion, dann kam der Tausch, dann das Geld, und später folgten die Banken mit ihren Krediten und Schulden.[169] Alles begann, so gesehen, mit der Marktwirtschaft. Eine Art Staat oder Regierung tritt in diesem Arrangement erst viel später auf. Zum einen, indem diese ihr eigenes, allgemein verbindliches Zahlungsmittel einführte, also die Idee der Händler auf Yap kopierte. Zum anderen, indem sie selbst als eine Art Handelspartnerin auftritt, die Dienstleistungen erbringt, für die man als Bürgerin oder Bürger in Form von Steuern zahlen muss. »Geld ermöglicht es, uns so zu sehen, wie die Ökonomen es uns glauben machen wollen: als eine Ansammlung von Individuen und Staaten, deren Hauptbeschäftigung es ist, Dinge zu tauschen«, schreibt der Anthropologe David Graeber in seinem umfangreichen Werk *Schulden: Die ersten 5000 Jahre.*[170]

Das Problem mit der Geschichte ist nur, dass sie kaum Sinn ergibt. Die *Sendung mit der Maus* lag zwar völlig richtig damit, dass der Tauschhandel »sehr unbequem und unpraktisch« gewesen sein muss. Wahrscheinlich war er auch noch sehr riskant, weil alle ständig versuchten, im Tausch besser wegzukommen.[171] Der Tauschhandel ist derart unpraktisch, dass er so wahrscheinlich nie existierte. »Seit Jahrhunderten suchen Forscher mittlerweile nach diesem sagenhaften Land des Tauschhandels – alle ohne Erfolg«, schreibt Graeber.[172] Viel wahrscheinlicher ist, dass Geld nicht ein Tauschmittel, sondern eine Recheneinheit für etwas ganz anderes war: Schulden.[173]

Jede Gesellschaft, in der Menschen interagieren, muss in irgendeiner Weise festhalten, wer wem was schuldet, etwa weil man jemandem Fische oder Tonkrüge gegeben hat. Man braucht dazu nicht einmal zwingend Geld. Ist die Gruppe klein genug, kann man es sich auch einfach merken.[174] Geld hat in unserem historischen Gedächtnis zwar einen hohen Stellenwert – Münzen sind prächtig, überleben Jahrtausende und füllen heute die Vitrinen von Museen, während sich kaum jemand an irgendein Schuldenregister erinnert[175] –, aber das sollte uns nicht dazu verleiten zu glauben, dass Münzen zuerst da waren oder besonders wichtig. Sie repräsentieren lediglich Geld, und Geld repräsentiert Schulden, die von einer Gemeinschaft verwaltet werden.

Was aber heißt das für eine Regierung? Eroberte ein antiker Staat ein Territorium, musste er irgendwie seine Armee versorgen. In der alten Tauschlogik hätte er seine neuen Untertanen zwingen können, den Soldaten Lebensmittel oder Nutztiere abzutreten. Lebensmittel gegen Sicherheit, gewissermaßen. Aber Chaos wäre vorprogrammiert gewesen. Die Armee hätte nie genau das erhalten, was sie gebraucht hätte. Von vielen Untertanen hätte sie wahrscheinlich nichts gebrauchen können. »Wenn man aber den Soldaten einfach Münzen gab und dann verfügte, jede Familie im Königreich habe dem König eine solche Münze zu zahlen, dann hatte man auf einen Schlag seine ganze Volkswirtschaft in eine gewaltige Maschinerie zur Versorgung der Soldaten verwandelt«, schreibt Graeber.[176] Alle mussten versuchen, an die Münzen der Soldaten zu kommen – oder an welche, die bereits jemand anderes von Soldaten kassiert hatte.

Auch diese Geschichte ist stark vereinfacht, sie würde in eine *Sendung mit der Maus* passen. Aber sie macht den entscheidenden Unterschied deutlich: Der Markt ist in dieser Sichtweise nur ein Nebenprodukt von Tributen, die Untertanen leisten mussten. Im Zentrum steht hier nun der Staat. Das ist keine so schöne Geschichte wie die vom Tauschhandel. Aber sie ergibt deutlich mehr Sinn.

Das nächste Kapitel handelt von globaler Ungleichheit und davon, warum linke Stimmen heute von »Schuldenimperialismus« sprechen. Nach dem Zweiten Weltkrieg und dem Ende des Kolonialismus stürzten viele Staaten, die direkt oder indirekt unter dem Protektorat der USA standen, in eine Schuldenspirale gegenüber dem Westen, insbesondere den Vereinigten Staaten. Die USA mit ihren enormen Militärausgaben können sich weltweit verschulden, ohne dass jemand glaubt, dass sie diese Schulden je zurückzahlen werden. Weniger unabhängige Staaten hingegen müssen sich verschulden, um an Dollars zu kommen, die man für eine funktionierende Volkswirtschaft braucht. »Was ist das für ein Geld, das da kontinuierlich dem amerikanischen Finanzministerium zufließt? Sind es Kredite? Oder Tributzahlungen?«, fragt Graeber.[177] Die Staaten sind aus seiner Perspektive wie die Untertanen in einem eroberten Reich, die an die Münzen des Königs kommen müssen. Dazu, wie gesagt, gleich mehr.

Die Schuldenuhr in Berlin wiederum will Staatsschulden greifbar machen, indem sie sie auf das Leben der Bürgerinnen und Bürger überträgt. »Was mich immer wieder beeindruckt, ist, wenn Schulklassen vor der Schuldenuhr stehen«, sagt BdSt-Präsident Holznagel: »Viele Schüler sind entsetzt, weil sie mit der sekündlichen Neuverschuldung etwas anfangen können!« Und wenn die Schulklassen aus Schwaben kommen, können sie auch noch für eine zweite Metapher herhalten. »Man hätte einfach die schwäbische Hausfrau fragen sollen«, wie es Angela Merkel einmal in einer Rede ausdrückte. »Sie hätte uns eine Lebensweisheit gesagt: Man kann nicht auf Dauer über seine Verhältnisse leben.«[178] Solche Metaphern benutzt, wer den Staat mit einem Haushalt oder einem Unternehmen vergleicht, das auf ausgeglichene Finanzen bedacht sein muss. Das passt zur Geschichte aus der *Sendung mit der Maus*, in der der Staat ein weiterer Akteur unter Menschen ist, die einfach nur Handel treiben wollen und deshalb das Geld erfanden.

Man kann das aber auch ganz anders sehen, wenn wir die Geschichte umdrehen. Wir zahlen keine Steuern, um den Staat zu finanzieren – wir arbeiten, um an das Geld zu kommen, das wir dem Staat zurückzahlen müssen. Der Staat ist nicht irgendein Akteur, der den besonderen Vorteil hat, uns zwingen zu können, seine Produkte und Dienstleistungen zu kaufen. Er ist es, der das Geld druckt. Insofern kann er – anders als die schwäbische Hausfrau oder ein Unternehmen – auch nicht Pleite gehen. Jedenfalls nicht, wenn er unabhängig ist.

Geld ist demnach ein Mittel, mit dem ein Staat beeinflussen kann, für welche Dinge wir als Bürgerinnen und Bürger unsere Arbeitskraft hergeben sollen. Steuern sind sprichwörtlich dafür da, die Gesellschaft zu steuern. So wie ein Königreich dafür sorgen konnte, dass seine Armee finanziert wird, indem es Münzen presste und an Soldaten verteilte, die man sich als Untertan irgendwie besorgen musste, kann ein demokratischer Staat dafür sorgen, dass wir unsere Arbeit direkt oder indirekt für das einsetzen, worauf wir uns demokratisch geeinigt haben. Beispielsweise stellt ein Staat Geld für den Bau von Windrädern bereit, weil entschieden wurde, dass wir diese brauchen. Nun müssen wir irgendwie an dieses Geld rankommen, um am Ende des Jahres unsere Steuern zahlen zu können. Sei es, indem wir selbst Windräder bauen oder indem wir für Windradmechanikerinnen Würste braten oder für Würstebrater, die Windradmechanikerinnen bewirten, die Schweine schlachten.

Spinnt man den Gedanken weiter, ist Arbeitslosigkeit vor allem ein Zeichen dafür, dass der Staat zu wenig Geld im Umlauf hat. Der Staat könnte mit neuem Geld stets dafür sorgen, dass an Stellen, an denen Arbeit erledigt werden muss, diese auch erledigt wird. Staatsschulden sind, so gesehen, nicht etwas, vor dem man sich fürchten muss. Sie seien Spuren »(überwiegend) positiver Interventionen«, die für eine demokratische Gesellschaft getätigt wurden, wie die Ökonomin Stephanie Kelton von der New Yorker Stony Brook University schreibt. Die

Schuldenuhr zeige daher »nicht mehr als einen Fußabdruck aus der Vergangenheit«, so Kelton in ihrem aktuellen Bestseller *The Deficit Myth.*[179]

Kelton ist prominente Vertreterin der sogenannten Modern Monetary Theory, die uns die Angst vor dem Gelddrucken und vor Staatsdefiziten nehmen möchte. Sie spricht von nichts Geringerem als einer kopernikanischen Wende in der Finanzpolitik. »Kopernikus und die Wissenschaftler, die auf ihn folgten, veränderten unser Verständnis des Kosmos, indem sie zeigten, dass sich die Erde um die Sonne dreht und nicht andersrum. Einen vergleichbaren Durchbruch braucht es für unser Verständnis des Defizits und seiner Beziehung zur Wirtschaft«, schreibt sie.[180] Glaubt man den Zugriffszahlen der Wikipedia-Artikel zum Thema, erlebte die Theorie im Frühjahr 2019 ihren ersten Hype, angetrieben von linken US-Politikern wie Bernie Sanders oder Alexandria Ocasio-Cortez. Der zweite Hype folgte im Frühjahr 2020 durch die Corona-Pandemie, als die Staatsverschuldung wieder stark zunahm.[181] Die Artikel erwähnen auch, was andere Ökonomen von der Theorie halten. Von »Voodoo-Ökonomie« oder »ökonomisch unkundigem Wahnsinn« ist da die Rede.[182]

Versöhnlichere Ökonomen wie Jens Südekum von der Universität Düsseldorf attestieren der Theorie, dass sie klarstelle, dass nicht zuerst die Steuern und dann die Staatsausgaben kommen, sondern zuerst die Ausgaben und dann die Steuern. Und dass die Obergrenze der Staatsschulden nicht Grenzen sein sollten wie die Maastricht-Kriterien, die maximal 60 Prozent des BIP vorschreiben, sondern die Vollauslastung der Wirtschaft – jedenfalls solange die Inflation nicht überhitzt.[183]

Läuft die Wirtschaft auf Hochtouren mit praktischer Vollbeschäftigung und wird dann noch weiter Geld gedruckt, führt das zu Inflation, also einer Entwertung des Geldes. Das wäre auch der Modern Monetary Theory zufolge fatal, aber das Gegenteil sei der Fall, meint zumindest Kelton: Eine »Politik der Defizit-Hysterie« halte die Wirtschaft unterhalb dessen, was sie eigentlich leisten könne.[184]

Voraussetzung für all das ist, dass ein Land über seine Geldpolitik selbst entscheiden kann. In der Eurozone ist das nicht der Fall. Italien oder Griechenland zum Beispiel hatten nicht die Möglichkeit, mit dem Druck von frischem Geld die Arbeitslosigkeit zu bekämpfen. Sie mussten beziehungsweise müssen tatsächlich wirtschaften wie die sprichwörtliche schwäbische Hausfrau. Geht ihnen das Geld aus, bleibt ihnen nichts anderes übrig, als neues Geld auf dem Kapitelmarkt aufzutreiben und zu sparen.[185] Deutschland ist mit seinen Reformen und Sparmaßnahmen zum Vorzeigekind der Eurozone geworden und hat diese Strategie auch in anderen EU-Staaten stramm durchgesetzt. Auch auf die Gefahr hin, sich kaputtzusparen, nur um Schulden zu reduzieren, die keine sind.

Andere Länder sind monetär nicht souverän, weil sie auf lebenswichtige Importe angewiesen sind, die sie nur in Dollar bezahlen können. Auch sie können nicht einfach Geld drucken, um ihre eigene Wirtschaft zu steuern, sondern müssen Kredite beim Internationalen Währungsfonds (IWF) aufnehmen und einen Handelsüberschuss mit den USA erzeugen, weil sie sich nicht selbst versorgen können.[186]

Und was hält man beim Bund der Steuerzahler von der Modern Monetary Theory? »Realitätsfremd!«, sagt Reiner Holznagel wenig überraschend. Die Vorstellung, dass man mehr Staatsschulden anhäufen müsse, um Arbeitsplätze zu schaffen, ist dem Verein mit der Schuldenuhr naturgemäß fremd. »Wir begleiten die Diskussion manchmal mit entsprechender Realsatire«, sagt Holznagel. Damit meint er jenes andere PR-Instrument, das der BdSt erfunden hat: *Das Schwarzbuch* für

»öffentliche Verschwendung«, ein jährliches Sammelsurium von Missgeschicken mit Steuergeld. Gemeinden, die übergewichtige Feuerwehrfahrzeuge anschaffen und wieder verkaufen müssen, oder künstlerische Parkbänke, die so teuer sind wie 160 normale. Die Schlösser zu billig veräußern oder in Luxusmineralwasser investieren, das keine Abnehmer findet.[187]

»Das Schwarzbuch füllt sich umso schneller, je mehr Geld im System ist«, meint Holznagel. Obwohl er manchen Fällen gemeinsam mit dem Komiker Mario Barth nachgeht (in der TV-Sendung *Mario Barth deckt auf!*), will er nicht, dass man sein Buch zur reinen Unterhaltung oder gar Belustigung liest: »Die Intention ist nicht, dass sich alle amüsieren sollen, sondern dass wir daraus ernsthaft lernen.«

Geld, die vielleicht elementarste statistische Einheit, kann also auch einfach ein Maß für Schuld und zu erledigende Arbeit sein.

Von Kamelen und Dromedaren

Die Verteilung der weltweiten Einkommen war einmal ein Kamel. Wir sehen es auf der Kurve von 1975 auf der nächsten Seite (Abb. 16). Den rechten Höcker bilden größtenteils die Bewohner Europas und Amerikas mit einem täglichen Pro-Kopf-Einkommen von 10 bis 20 Dollar. Sie lebten also, global betracht, ganz überwiegend in großem Wohlstand. Der linke Höcker auf der anderen Seite bildet vor allem die Menschen in Asien und Afrika ab. Fast die Hälfte der Weltbevölkerung lebte damals unterhalb der Armutsgrenze, markiert durch die rote senkrechte Linie bei knapp 2 Dollar pro Tag. Das Kamel ist der Grund, weshalb man lange von entwickelten Ländern und Dritte-Welt-Ländern sprach. Dazwischen, im Tal zwischen den Höckern, waren die Schwellenländer.

Spulen wir vierzig Jahre nach vorne, also quasi in die Gegenwart, sieht alles ganz anders aus. Die Welt ist heute ein Dromedar. Unterhalb der Grenze, die extreme Armut markiert (rote Linie), leben nur noch etwa 10 Prozent der Weltbevölkerung. Vor allem die Menschen in Asien haben einen gewaltigen Einkommenssprung hingelegt. Von drei Welten kann – so gesehen – keine Rede mehr sein. Die Welt ist nicht nur reicher, sie ist auch einheitlicher und gleicher geworden.

Diese Grafiken hat Hans Rosling entwickelt, der schwe-

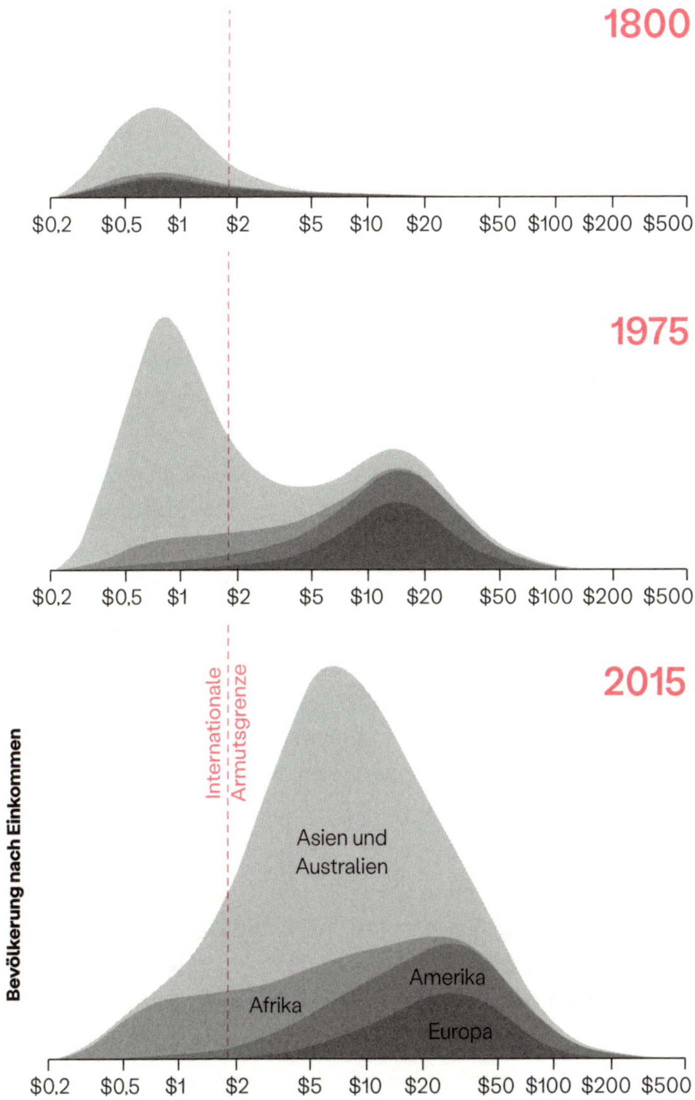

Abb. 16: Verteilung der Weltbevölkerung nach Einkommen pro Tag und Kopf in konstanten Internationalen Dollars. Übernommen und adaptiert von Hans Rosling (Gapminder).

dische Mediziner, der berühmt wurde mit Diagrammen, die zeigen, dass die Welt immer besser wird. Wir kennen ihn bereits aus »Geld oder Lebenserwartung!«, dem ersten Kapitel dieses Buches. Die Gegenüberstellung von Kamel und Dromedar ist einer seiner Greatest Hits, immer wieder aufgelegt, wie ein ABBA-Klassiker. Der *Spiegel* hat die Kurven in eine Statistiksammlung mit dem Titel *Früher war alles schlechter* aufgenommen, und zwar unter der Überschrift »Die Reichen werden reicher – die Armen aber auch«.[188] Auf der Website der von Rosling gegründeten Bildungs-Stiftung Gapminder kann man die Kurven sogar animieren und selbst modifizieren.[189]

Wie im ersten Kapitel beschrieben, wurden Roslings Diagramme über den Zusammenhang von Lebenserwartung und Wirtschaftswachstum unter Marktliberalen besonders populär. Und so wie die steigende Lebenserwartung erzählt auch die Grafik von Kamel und Dromedar eine gute Geschichte. Sie ist, wenn man so will, ein großes »Ja, aber!«. Ja, es stimmt, dass die Welt ein ungerechter Planet ist – aber es geht den Menschen hier immer besser! Die Industrialisierung im 19. Jahrhundert hat die meisten aus bitterer Armut befreit, wie man im Vergleich zur Kurve von 1800 deutlich sieht. Und ja, Industrialisierung und Kolonialismus mögen in der Folge die Welt in Arm und Reich unterteilt haben. Nie war die Welt ungleicher als um 1970, nachdem die letzten Kolonien unabhängig geworden waren – aber: Seither ist sie gleicher und reicher geworden!

Als einmal ein Journalist Rosling widersprach, dass es »noch immer einen enormen Gegensatz« zwischen dem Westen und dem Rest der Welt gebe, antwortete dieser mit seinem charakteristischen Selbstbewusstsein: »Das ist völlig falsch.« Es gebe keine Kluft. »Diese Tatsachen stehen nicht zur Diskussion. Ich habe recht, und Sie haben unrecht.«[190] Wir können dieses Kapitel also bereits wieder beenden. Klappe zu, Affe tot. Die Fakten haben gesprochen. Es sei denn …

Das erste Problem von Roslings Grafik ist ihre horizontale Achse, die das Einkommen beschreibt. Diese ist logarithmisch skaliert, das heißt, dass die Abstände zwischen den Einkommen verhältnismäßig immer kleiner dargestellt werden, je höher die Einkommen sind. Logarithmische Skalen werden verwendet, wenn man sehr unterschiedlich große Zahlen in einer Grafik darstellen will, ohne dass Unterschiede zwischen den kleinen Zahlen unlesbar werden. Aber es führt auch in die Irre, weil die wenigsten Betrachter darauf vorbereitet sind und das Darstellungsprinzip verstehen. Reiche und Arme wirken in Roslings Grafik sehr viel näher beieinander, als sie es in Wirklichkeit sind, selbst innerhalb Europas. Wir sitzen zwar alle unter dem gleichen Höcker – aber für eine korrekte Darstellung müsste der Höcker extrem viel länger sein.

Das zweite Problem sind die Ländergruppen. Rosling unterscheidet einfach geographisch nach Kontinenten und den Ländern, die dort liegen, wie in einem Grundschulatlas. Für das Diagramm von 1800 ergibt das kaum Sinn. Viele Länder existierten damals noch nicht einmal. Europäische Staaten wie Großbritannien hingegen erstreckten sich über den ganzen Globus. Aber auch heute ist die Unterteilung in Kontinente nur wenig sinnvoll. Die Flächen Europas enthalten so unterschiedliche Länder wie die (einst) sozialistischen Ostblockstaaten und das kapitalistische Westeuropa. Die »Amerika«-Gruppe wirft Staaten wie die USA, Kuba und Venezuela in einen Topf. »Asien« umfasst Afghanistan genauso wie Australien.

Allen voran die politische Linke ist längst dazu übergegangen, die Welt stattdessen in einen Globalen Norden und einen Globalen Süden aufzuteilen. Das ist nicht streng geographisch zu verstehen. Globaler Norden meint Staaten wie die USA, Kanada und die Europäische Union, aber auch Australien, Neuseeland oder Japan. Globaler Süden meint den Rest – lässt sich aber noch weiter unterteilen.

Huzaifa Zoomkawala ist ein Datenanalyst in Karachi mit dem Arbeitsmotto *Decolonizing data one visual at a time*, also »Daten entkolonialisieren, eine Visualisierung nach der anderen«.[191] Zoomkawala zufolge scheint das auch mit Roslings Kamelen und Dromedaren notwendig gewesen zu sein. Gemeinsam mit dem Anthropologen Jason Hickel, den ich bereits im Kapitel über die Lebenserwartung als Rosling-Kritiker erwähnte, arrangierte er die Grafik neu. Diesmal mit neuen Ländergruppierungen, etwa Osteuropa zusammen mit Zentralasien oder Lateinamerika und die Karibik. Während Nordafrika mit dem Nahen Osten eine Gruppe bildet, stellt Subsahara-Afrika eine eigene dar. Außerdem wurden aus den Flächen der Bevölkerung Kreise. Wir haben die Grafik auf der folgenden Seite neu gezeichnet und etwas umgestellt, damit sie ins Format dieses Buches passt. Aber das Darstellungsprinzip blieb erhalten (Abb. 17). Die Achse ist in Zoomkawalas Darstellung nicht logarithmisch skaliert, die Abstände bleiben konstant. Das Maß aller Dinge, auf das die Grafik die Aufmerksamkeit lenkt, ist nicht mehr die extreme Armutsgrenze, sondern der Einkommensunterschied zwischen dem Globalen Norden und dem Rest. Betrug dieser 1960 noch 9000 Dollar, war er 2017 bereits 35 000 Dollar groß.

Der Blick auf die Welt verändert sich durch Zoomkawalas Darstellung komplett. Anstatt in einer Welt, die immer näher zusammenrückt, sehen wir einen Globalen Norden, der dem Rest der Welt davongaloppiert. Vor allem Ostasien und Zentralasien mit China und Indien holen zwar auf, sind aber noch immer weit abgeschlagen. Hans Rosling hatte recht: Fakten

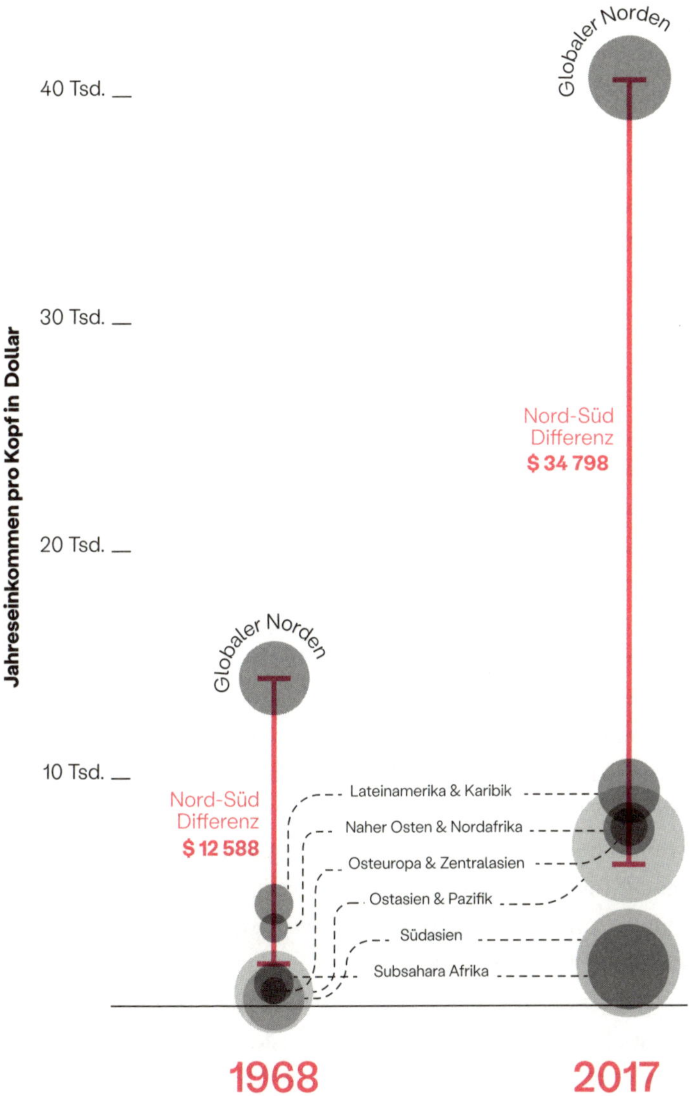

Abb. 17: Einkommen und Bevölkerung (Kreisgröße) nach Wirtschaftsregionen. Quelle und Adaption der Visualisierung: Huzaifa Zoomkawala und Jason Hickel mit Daten der Weltbank.

stehen nicht zur Diskussion. Aber sie zeichnen ganz unterschiedliche Bilder, je nachdem, wie man sie arrangiert.

»Obwohl das Pro-Kopf-Einkommen im Globalen Süden gestiegen ist, sehen wir, dass der Globale Norden den größten Teil des neuen Einkommens einkassiert hat, das durch das globale Wachstum seit 1960 entstanden ist«, schreibt dazu Hickel, der mit Zoomkawala zu dem Thema forscht. »Als Resultat davon hat sich der Einkommensunterschied zwischen dem Durchschnittsmenschen im Norden und dem Durchschnittsmenschen im Süden fast vervierfacht, von 9000 Dollar 1960 auf 35 000 Dollar heute.«[192] Dass der Süden »aufgeholt« habe, davon kann – so gesehen – keine Rede sein. Im Gegenteil.

Hickel ist Autor des Bestsellers *The Divide* (auf Deutsch erschienen als: *Die Tyrannei des Wachstums*). Er beschreibt darin, warum er glaubt, dass dieser Unterschied zustande gekommen ist. In den fünfziger und sechziger Jahren wurden Kolonien überall im Globalen Süden unabhängig, und das funktionierte, so Hickel, zunächst auch ganz hervorragend. Jene Länder jedenfalls, die nicht auf die Ratschläge der USA hörten und ihre eigene, protektionistische Wirtschafts- und Sozialpolitik fuhren, hätten die Armut bekämpfen und den Abstand zum Westen verringern können. Was nicht überraschend gewesen wäre, denn diese Länder hätten im Grunde das Gleiche gemacht, was westliche Länder einst selbst getan hätten.[193] »Der Süden erhob sich und bereitete den Weg in eine bessere Welt für die Mehrheit des Planeten«, so Hickel.[194]

Das aber habe den Profiten westlicher Unternehmen geschadet, weshalb der Westen in verdeckten Missionen Dutzende demokratisch gewählte Regierungen gestürzt habe. Der Globale Süden aber habe sich im Forum der Vereinten Nationen gegen solche illegitimen Interventionen gewehrt, und das mit immer mehr Erfolg. Der Westen habe sich also in den achtziger Jahren etwas Neues einfallen lassen müssen, und dieser Einfall hieß: Schulden.

»Die Vereinigten Staaten und Westeuropa entdeckten, dass sie ihre Macht als Kreditoren nutzen konnten, um verschuldeten Ländern im Süden die Wirtschaftspolitik zu diktieren, sie also faktisch ferngesteuert zu regieren, ohne dass blutige Interventionen nötig waren«, schreibt Hickel.[195] Die Staaten seien so gezwungen worden, ihre Märkte für Unternehmen aus dem Globalen Norden zu öffnen und den eigenen Sozialstaat auszuhöhlen. Wovon der Norden natürlich enorm profitiert habe.[196] Dass man vielerorts Diktaturen installierte, hatte, so Hickel, außerdem den Vorteil, dass diese, ohne demokratische Kontrolle, sehr viel eher riskante Kredite aufnahmen und -nehmen.[197] Ein wesentlicher Teil des Geldes, das heute vom Süden an den Norden fließt, seien schlicht und einfach Zinsen auf diese Kredite sowie Profite aus Investitionen westlicher Unternehmen.[198]

Diese Strukturanpassungen seien – gleich hinter dem Kolonialismus – der Hauptgrund für Armut im Globalen Süden.[199] Das Bedienen der Schulden koste den Globalen Süden mittlerweile weit mehr als das, was es laut der UN bräuchte, um Armut komplett zu beseitigen. Man könnte also mit politischem Willen »in einem Aufwasch alle Schuldenzahlungen erlassen und globale Armut beenden«, so Hickel.[200] Entstanden ist demnach eine Art Schuldenimperialismus.

Man kann gegen diese linke Erzählung manches einwenden. In Südkorea zum Beispiel, einst eine japanische Kolonie, putschte sich 1961 das Militär an die Macht und errichtete eine rechte Diktatur, aktiv unterstützt von den Vereinigten Staaten. Trotzdem wurde aus dem Agrarstaat in kürzester Zeit eine der wirtschaftlich erfolgreichsten Nationen der Welt – und eine Demokratie.[201] Die von den USA weltweit unterstützten

Coups mögen verwerflich sein. In vielen Ländern bedurfte es allerdings keinerlei Zutun der CIA, damit aus demokratischen Aufbrüchen Diktaturen wurden. Das schafften einstmals linke Lichtgestalten wie Muammar al-Gaddafi in Libyen oder Robert Mugabe in Simbabwe auch alleine.

Was aber hat es dann mit den steigenden Einkommen der neuen globalen Mittelschicht auf sich? Roslings Vorstellung von der Welt, die immer gleicher wird, hat jedenfalls einen Haken. Das sehen wir, wenn wir aus der Grafik (Abb. 16) zwei Länder entfernen: Indien und China. Der Einfachheit halber entfernen wir dazu gedanklich die Asien-Fläche, sie besteht im Wesentlichen aus der Bevölkerung dieser beiden Ländern. Der spitze Dromedarhöcker, der die heutige Zeit beschreibt, bricht nun völlig in sich zusammen. Er bleibt zwar scheinbar ein einziger Hügel, aber es lässt sich nun wieder eine leichte Wellenbewegung erkennen.

Nicht die Welt ist also eins geworden, sondern China und Indien haben aufgeholt. Aber ausgerechnet ein Land wie China war es, in dem der Westen seine Politik der Strukturanpassung nicht durchsetzen konnte.[202] Das Land wurde erfolgreich, weil es zwar seine Märkte geöffnet hat und in den internationalen Handel eingestiegen ist – aber zu seinen eigenen Bedingungen. Roslings Grafik erzählt nicht von einer Welt, die – unter der Führung des Westens – immer gleicher wird und deshalb unter Marktliberalen und Konservativen gut ankommt. Sie erzählt vor allem vom Aufstieg Chinas und Indiens.

Zoomkawala und Hickel wollen mit ihrer alternativen Visualisierung der exakt gleichen Daten eine Geschichte über die Ausbeutung der Welt durch den Globalen Norden und über einen Aufstand durch Staaten wie China erzählen. Doch auch diese Darstellung hat ihre Probleme. Eines davon ist, dass sie den Globalen Norden als homogenen Block erscheinen lässt. Das aber ist er nicht. Nicht der ganze Globale Norden hat in den letzten Jahrzehnten sein Einkommen gesteigert, sondern lediglich dessen Oberschicht. Wir erinnern uns an die Elefantenkurve in der Einleitung (Abb. 1 auf S. 10).

So wie Dromedar und Kamel von Rosling zeigt die Elefantenkurve des Ökonomen Branko Milanović, wie vor allem Menschen in China und Indien, aber auch Thailand, Vietnam und Indonesien, in eine »neue globale Mittelschicht« aufstiegen, nachdem die Länder in die globalen Märkte eingebunden wurden. Sie befinden sich in der Mitte der Kurve, auf den Schultern des Elefanten (Punkt B). Verglichen mit den Mittelschichten des Westens sind sie zwar immer noch arm, aber es geht ihnen immer besser. Gleichzeitig stagnierten die Einkommen sowohl der weltweit Ärmsten der Armen (Punkt A) als auch der Gering- und Mittelverdiener im Globalen Norden (Punkt C, in Deutschland etwa die untere Hälfte der Einkommen). Profitiert hat in den letzten Jahrzehnten also vor allem die weltweite Oberschicht, und die lebt größtenteils im Globalen Norden (Punkt D). Die Hälfte des globalen »Top 1 Percent« sind US-Amerikaner. Mehr als jeder zehnte Amerikaner gehört zu dieser Elite. In Deutschland sind es 2, in der Schweiz 9 Prozent der Bevölkerung. Aber auch etwa 1 Prozent der Bevölkerungen von Brasilien, Russland und Südafrika dürfen sich zu diesem Kreis zählen, so Milanović.[203]

Was also ist hier passiert? Und wie hängen all diese Diagramme zusammen? Um das zu verstehen, schauen wir uns zuerst die Welt um 1800 an, das erste Dromedar in Roslings Grafik. Damals, vor der Industrialisierung, war die Weltbevölkerung arm (jedenfalls nach heutigem, monetären Standard). Arm und Reich verteilten sich relativ gleichmäßig über Länder und Kontinente hinweg. Die größten Einkommensunterschiede bestanden damals zwischen Armen und Reichen innerhalb desselben Landes, nicht wie heute zwischen den Ländern.[204] Milanović spricht in diesem Zusammenhang von einer »Ortsrente«, einem Faktor, der anzeigt, wie stark der Ort, an dem man geboren wurde, zum eigenen Einkommen beiträgt. Vor zweihundert Jahren lag die Ortsrente bei gerade einmal 20 Prozent. Heute sind es rund zwei Drittel.[205] Wir sind im Globalen Norden also alle größtenteils Erben, weil wir in viel größerem Ausmaß von den Errungenschaften unserer Landsleute in den vergangenen Generationen profitieren, wie auch immer wir diese moralisch werten wollen. Wenn im 19. Jahrhundert, der Zeit von Karl Marx und der sozialistischen Arbeiterbewegung, »Die Internationale« angestimmt wurde, auf dass die »Verdammten dieser Erde« gemeinsam erwachen mögen, ergab das ökonomisch vollkommen Sinn. Armen Deutschen und armen Russen ging es ähnlich. Heute ist das Lied linke Nostalgie.

Eine kleine Anmerkung: Wir müssen mit solchen Daten zum 19. Jahrhundert natürlich vorsichtig sein. Bereits für die erste Hälfte des 20. Jahrhunderts gibt es keine einheitlichen Einkommensdaten mehr, sie basieren auf historischen Schätzungen einzelner Länder, die dann auf den ganzen Kontinent ausgeweitet werden. Daten aus Asien und Lateinamerika vor 1900 basieren zum Beispiel auf jeweils nur drei Ländern. Für Afrika gibt es in dieser Zeit gar keine Daten.[206] Die Menschen dort werden nicht reicher gewesen sein als in Europa. Die grobe Erzählung von Roslings Grafik wird also stimmen, aber so einheitlich, wie die Flächen erscheinen, sind sie nicht. Und ob die monetären Armutsgrenzen des 21. Jahrhunderts ein sinnvoller Maßstab sind, um das Leben um 1800 weltweit zu beschreiben, auch daran gibt es Zweifel. Eine Zulu im heutigen Südafrika mag vor dem Kolonialismus kein hartes Geld verdient haben, das heißt aber nicht, dass ihre Lebensqualität schlechter war als unter imperialer Herrschaft, wendet Hickel ein.[207]

Doch die Grafik zeigt, wie im Zuge des Kolonialismus die Welt im 19. Jahrhundert auseinanderdriftete. Der Westen zog davon, und zwar alle im Westen. Für das Einkommen wurde nun immer wichtiger, wo man geboren wurde, und nicht, in welcher gesellschaftlichen Schicht. Eine historisch einzigartige Kluft zwischen den Ländern tat sich auf, die Kamel-Kurve. Plötzlich war der britische Arbeiter reicher als Reiche in Afrika oder Asien.[208] Bereits um 1900, argumentiert Milanović, war der Geburtsort wichtiger als die soziale Schicht. Den Höchststand erreichte die Ortsrente um 1970 mit fast 80 Prozent.[209]

Der Kolonialismus machte die Bevölkerung im Westen reicher. Industrialisierung und Kapitalismus sorgten aber gleichzeitig für eine wachsende Ungleichheit innerhalb westlicher Länder. Linke Ökonomen wie Thomas Piketty deuten das so, dass der Kapitalismus automatisch zu Ungleichheit führt, weil Einkommen aus Vermögen mehr wachsen als Einkommen aus Arbeit. Was dem entgegenwirkt, ist staatliche Umverteilung sowie Kriege (indem sie Kapital zerstören, Ressourcen in die Kriegsmaschinerie umleiten und die Nachfrage nach Soldaten – sprich: Arbeitskräften – erhöhen). Beides geschah nach dem Ersten Weltkrieg in den reichen Ländern des Westens und setzte sich bis 1980 fort. Die Arbeiterbewegung im Westen und sozialistische Revolutionen vor allem im Osten führten dazu, dass im 20. Jahrhundert auch kapitalistische Staaten für ihre Arbeiter sorgen mussten, etwa mit wohlfahrtsstaatlichen Maßnahmen.[210]

Liberale Ökonomen wie Milanović sehen noch andere Kräfte am Werk. In ihrem Fokus: Technologie und Demographie. So stieg die Ungleichheit im Westen während der Industrialisierung zwar durchaus an, dass sie aber wieder sank, erklärt

Milanović neben Kriegen, Revolutionen und der Arbeiterbewegung auch damit, dass im Laufe des 20. Jahrhunderts – dank allgemeinem Zugang zu Bildung – das Angebot an qualifizierten Arbeitskräften größer wurde und der technologische Wandel auch geringer qualifizierte begünstigte.[211] So gab es etwa eine erhöhte Nachfrage an Buchhaltern, und mehr Menschen ließen sich zu ebendiesen ausbilden.

Dass sich das Blatt ab den achtziger Jahren wieder wendete, also Arbeitereinkommen im Globalen Norden stagnierten und Reiche massiv vom Wachstum profitierten, mag man aus linker Sicht als Folge einer neoliberalen Politik interpretieren, die Reichen Steuergeschenke machte, während sozialstaatliche Errungenschaften abgebaut wurden. Milanović wendet hier allerdings ein, dass auch in den letzten Jahrzehnten der Sozialstaat in reichen Ländern nur unwesentlich verkleinert worden sei.[212] Die neuen digitalen Technologien jedoch belohnten besser qualifizierte Arbeitsplätze im Westen übermäßig stark, während mittelgut oder schlecht Qualifizierte immer mehr Konkurrenz aus Ländern wie China oder Indien erhielten. Wenn zum Beispiel eine Buchhaltung digitalisiert wird, profitiert vor allem das Software-Unternehmen und seine Mitarbeiterinnen und Mitarbeiter, das sie entwickelt. Die Besitzer eines Digitalunternehmens werden also superreich, die Programmierer dort zumindest reich. Es profitieren aber auch die (ärmeren) Menschen in China, die die passenden Computer dazu bauen, oder jene (gut ausgebildeten) in Indien, wohin Programmieraufträge ausgelagert werden. Während dort die Mittelschicht wächst, verliert die Mittelschicht in einem Land wie Deutschland, weil durch die Digitalisierung immer weniger Stellen in der Buchhaltung übrig bleiben – stark vereinfacht formuliert.[213]

Wahr ist natürlich auch, dass staatliche Interventionen und soziale Umverteilung die Ungleichheit wesentlich verringern.

Das zeigte vor allem Deutschland mit seinem Modell der Sozialen Marktwirtschaft. Aber sie können aus Sicht von Milanović die Kräfte der Globalisierung nicht wettmachen.[214] Selbst dass Reiche immer weniger Steuern zahlen, komme nicht einfach daher, dass der (neoliberale) Staat sie weniger besteuern will. Es ist heute durch die Digitalisierung schlicht sehr viel einfacher geworden, Vermögen zu verschieben und irgendwo auf der Welt zu verstecken. Die Besteuerung scheitert nicht am staatlichen Willen, sondern oft einfach an der Möglichkeit einzelner Staaten, ihren Willen auch in die Tat umzusetzen.[215] Diese Kräfte bringt Milanovićs Elefantenkurve auf den Punkt.

Die Besteuerung von Reichen ist immer wieder ein anschauliches (und emotionales) Wahlkampfthema. Während der Bundestagswahl 2021 veröffentlichte die *Süddeutsche Zeitung* Berechnungen des Leibniz-Zentrums für Europäische Wirtschaftsforschung (ZEW), welche Wahlprogramme welche Jahreseinkommen wie verändern würden. Dem Programm der FDP zufolge hätten alle sehr viel weniger Steuern zahlen müssen, aber je mehr man verdiente, umso mehr hätte man profitiert. Ähnlich bei der CDU, nur weniger ausgeprägt. Bei der Linkspartei wären Jahreseinkommen ab 250 000 Euro um fast 35 Prozent reduziert worden, niedrige Einkommen hätten stark profitiert. Bei der SPD und den Grünen war die Richtung die gleiche, nur deutlich zurückhaltender.[216]

Die Säulendiagramme waren ein viraler Hit in den Sozialen Medien. Sven Giegold etwa, Sprecher der deutschen Grünen im Europaparlament, twitterte: »Diese grafische Aufbereitung der finanzpolitischen Kapitel der Wahlprogramme macht's ganz deutlich: Grüne verringern die soziale Ungleichheit, die Union macht sie noch größer« (das Programm der Linkspartei war in seinem Tweet abgeschnitten).[217] Katja Kipping, ehemalige Vorsitzende der Linkspartei, twitterte, dass »Mittlere Einkommen entlasten & Armut bekämpfen« nur ohne Regierungsbeteiligung von CDU und FDP ginge.[218]

Diskussionen über die Besteuerung von Reichen laufen oft entlang der Frage, ob der Staat will (Linke) oder darf (Liberale), dabei ist die eigentliche Frage, ob er kann. So auch hier. Es war eine Visualisierung von dem, was die Parteien gerne umsetzen würden. Was sie in einer globalisierten Welt tatsächlich können, ist eine ganz andere Frage, für die es keine Diagramme gibt.

Was aber ist mit den Armen auf der Welt? Vor allem Subsahara-Afrika tritt in allen Grafiken auf der Stelle. Am deutlichsten sehen wir es in der Visualisierung von Zoomkawala und Hickel (Abb. 17), wo der Kreis am unteren Bildrand verharrt (nur größer ist er geworden). Die Menschen dort waren damals arm und sind es noch heute. Sie bilden in der Elefantenkurve die Hinterbeine des Elefanten, die kaum mehr verdienten als zum Überleben nötig. Trotzdem wird Roslings Kamel-und-Dromedar-Diagramm auch für sie als gute Nachricht präsentiert. Denn unterhalb der Grenze zur extremen Armut würden heute nur noch 10 Prozent der Weltbevölkerung leben. Einst war es die Hälfte.

Doch auch die Armutsgrenze in Roslings Diagramm hat ein Problem. Sie beträgt gerade einmal 1,90 Dollar pro Tag. Sie ist, um Hickel zu zitieren, »obszön niedrig«. 7,40 Dollar gelten als Minimum für ausreichend Nahrung und eine normale Lebenserwartung.[219] Es im Westen als Erfolg zu feiern, wenn Menschen es über 1,90 Dollar pro Tag schaffen, ist grotesk.

Rechnet man mit 7,40 anstatt 1,90 Dollar, ist der Anteil der Menschen in Armut seit 1980 zwar prozentual immer noch zurückgegangen, von rund 70 Prozent der Weltbevölkerung auf rund 50 Prozent heute. Doch diese Rechnung ist problematisch, wenn die Weltbevölkerung gleichzeitig – und auch als Folge von Armut – steigt. Lebten 1980 rund drei Milliarden Menschen von weniger als 7,40 Dollar, sind es heute vier Milliarden. Und ein Mensch in Armut ist ein Mensch in Armut, egal wie viele andere nicht arm sind.

Eigentlich hat man das auch in der Armutsbekämpfung einst so gesehen. Als 1996 beim *World Food Summit* der Vereinten Nationen in Rom das erste multilaterale Übereinkommen geschlossen wurde, die Zahl der unterernährten Menschen in den nächsten zwanzig Jahren zu halbieren, waren noch absolute Zahlen gemeint. Wenige Jahre später bei der »Millennium Declaration« in New York änderte man dann das Ziel: Halbiert werden sollte nun nur noch ihr Anteil an der Weltbevölkerung. Wuchs diese, sank er automatisch. Dann wurde die Proportion nochmals auf Entwicklungsländer reduziert (wo die Bevölkerung schneller wuchs) und die Ursprungszahl, die halbiert werden sollte, vom Jahr 2000 auf 1990 verschoben, als sie höher lag, weil sich in den neunziger Jahren so viele Menschen in China aus extremer Armut befreit hatten.[220] Ein »Meisterstück statistischen Theaters«, wie Hickel bemerkt.

Arbeit und anderer Bullshit

Deutschlands schönste Kurven« nannte sie die CDU einmal. Gemeint waren weder die Saarschleife noch das Frankfurter Autobahnkreuz, sondern die Entwicklung der Arbeitslosigkeit. Seit 2005 kurvt sie abwärts. Ebenfalls seit 2005 ist auch Angela Merkel Bundeskanzlerin. Die Arbeitslosigkeit halbierte sich von 13 auf 6 Prozent zur Bundestagswahl 2021, es herrscht also praktisch Vollbeschäftigung. Die Zahl der Erwerbstätigen stieg im gleichen Zeitraum von 36,6 auf 42,4 Millionen (vor Corona). Bei der CDU sieht man darin selbstverständlich nicht nur Korrelation, sondern auch politische Kausalität. Noch nie habe es in Deutschland so viele Jobs gegeben, sagt die CDU.[221]

Bei der Interpretation des »German Job Miracle« *(The New York Times)* gehen die politischen Meinungen natürlich auseinander. Aus Sicht der CDU herrscht Rekordbeschäftigung dank »leistungsfähiger Wirtschaft und engagierter Menschen« sowie »dank der erfolgreichen Politik der CDU-geführten Bundesregierung«. Durch Forschung, Innovation, Gründungen und dem (erfolgreichen) Buhlen um die »klügsten Köpfe der Welt«, aber auch durch Entlastung von Bürokratiekosten und einer »wettbewerbsfähigen Unternehmensbesteuerung«. Einem »Entfesselungspaket«, wie es die Partei nennt.[222]

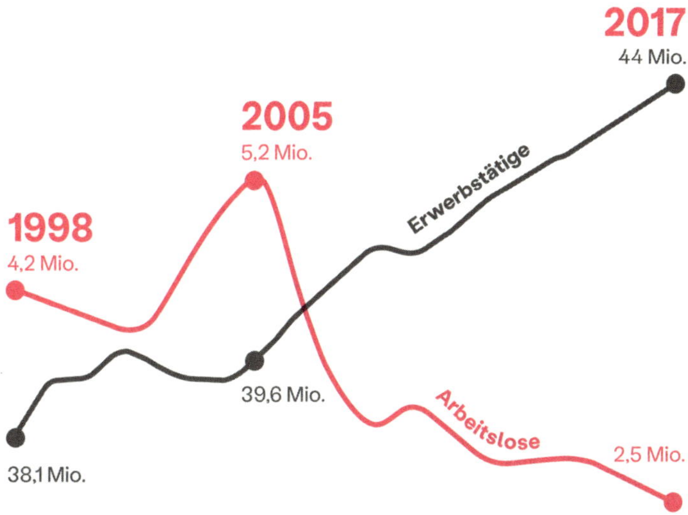

Abb. 18: Arbeitslose und Erwerbstätige in Deutschland. Übernommen und adaptiert von der CDU. Quelle: Bundesagentur für Arbeit.

In der SPD (oder zumindest bei den Exponenten der Schröder-Regierung) dürfte man das etwas anders sehen. Die CDU fahre lediglich die Ernte der Agenda 2010 ein. Das Arbeitslosengeld wurde damals zeitlich beschränkt; nach einem Jahr folgte Hartz IV, also Sozialhilfe. Bildungs- und Weiterbildungsangebote sollten helfen, schnell wieder in den Arbeitsmarkt zurückzufinden. Die »Arbeitsagenturen« sollten Arbeitssuchende und Unternehmen schneller zusammenbringen. 2005 wurde die Reform mit ihrer »aktivierenden Arbeitsmarktpolitik« umgesetzt. Seither sinkt die Arbeitslosigkeit. Zufall?

Aus Sicht der Gewerkschaften sieht das noch einmal anders aus. Arbeitnehmende und Steuerzahlende hätten sich dieses Arbeitsmarktwunder selbst erkauft, und zwar teuer. Minijobs entstanden und der Niedriglohnsektor wuchs, zumindest in den Jahren nach der Reform. Die Löhne stagnierten. Streiks gab es trotzdem kaum. Die sogenannten Lohnstückkosten (wie viel Kosten bei der Produktion für die Arbeit anfallen) sanken in Deutschland massiv, anders als in anderen europäischen Ländern. In Krisen wie der Corona-Pandemie können Unternehmen relativ einfach Kurzarbeit einführen, staatlich subventioniert. Steigt die Nachfrage wieder, ist auch die Produktion schnell wieder hochgefahren. So wie seinerzeit auch nach der Finanz- beziehungsweise Eurokrise.

Aus Sicht von Ökonomen, sieht es nochmals anders aus. So dürfte die »aktivierende Arbeitsmarktpolitik« tatsächlich aktivierende Wirkung gehabt haben. Unternehmen schufen neue Stellen – nicht immer die besten, aber immerhin – und konnten sie auch besetzen. Doch bald schon wurden die Arbeitskräfte knapp. »Je mehr die Arbeitslosigkeit sank, desto größer wurde die Motivation der Unternehmen, ihre Arbeitskräfte zu halten«, sagt Enzo Weber vom Institut für Arbeitsmarkt- und Berufsforschung (IAB). Er und sein Team haben berechnet, dass von den sechs Millionen neuen Jobs aus der Ära Merkel die Hälfte aufgrund solcher Knappheitseffekte entstanden sind.[223] Dazu gehört auch, dass die Babyboomer allmählich in Rente gehen. Mehr Alte verlassen den Arbeitsmarkt als Junge nachrücken. »Noch ist der Effekt klein«, sagt Weber: »Bis Corona wurde er sogar noch überkompensiert durch Zuwanderung, aber auch durch Frauen, die immer häufiger arbeiten und Ältere, die länger im Beruf bleiben.« Dieser demographische Effekt dürfte Deutschland verändern. Doch dazu später mehr.

Denn da ist auch noch die Sicht der Linkspartei, für die »Deutschlands schönste Kurven« deshalb so schön sind, weil sie frisiert wurden. Die Linke publiziert die sogenannte »Tatsächliche Arbeitslosigkeit«. Im März 2021 beispielsweise waren 2,8 Millionen Menschen offiziell arbeitslos. Die tatsächliche Arbeitslosigkeit aber sei größer. 170 000 seien zum Beispiel älter als 58 und bezögen Arbeitslosengeld II. Daher werden sie in der offiziellen Statistik nicht mitgerechnet. Zudem befanden sich 170 000 Menschen in einer beruflichen Weiterbildung, 180 000 in Eingliederungsmaßnahmen. 140 000 befanden sich in Fremdförderung, etwa Integrations- und Sprachkursen. Auch sie gelten offiziell nicht als arbeitslos. Des Weiteren seien 50 000 Menschen nur mit Ein-Euro-Jobs beschäftigt. Auch sie zählt die Arbeitslosenstatistik nicht mit. Genauso wenig wie kranke Arbeitslose. So kam die Linkspartei auf rund 800 000 zusätzliche Menschen, die faktisch arbeitslos seien. Hinzu kommen noch 200 000 »stille Reserven«, also Menschen, die sich gar nicht erst arbeitslos melden, sondern sich, so die Linkspartei, »entmutigt vom Arbeitsmarkt zurückgezogen« hätten.[224] Arbeitsmarktforscher Weber beschreibt sie etwas anders: »Es sind Leute, die aktuell nicht aktiv Arbeit suchen, aber arbeiten würden, wenn der Arbeitsmarkt besser ist und ihnen etwas Passendes vor die Füße fällt.«

Auch sieht die historische Kurve spektakulärer aus, als sie ist. Von 2004 auf 2005 beispielsweise macht die Arbeitslosigkeit einen plötzlichen, gewaltigen Sprung. Als würde sie noch einmal ordentlich auf dem Sprungbrett federn, bevor sie vom Zehn-Meter-Brett springt. Der Grund: Viele Sozialhilfeempfänger wurden (vorübergehend) arbeitslos erklärt. Ohne diesen zusätzlichen Anstieg fielen die anschließenden Erfolge weniger stark ins Auge.

Kaum eine Zahl hat so viel Einfluss auf die Stimmung im Land wie die Arbeitslosenquote, nach wie vor. Auch in den letzten Jahren vor der Pandemie, in denen praktisch Vollbeschäftigung herrschte, sorgte sich ein Viertel der Bevölkerung, selbst arbeitslos zu werden. Als die Arbeitslosigkeit 2005 über zehn Prozent lag (in Ostdeutschland sogar bei fast 20 Prozent), fürchteten sich zwei Drittel der Menschen in Deutschland vor eigener Arbeitslosigkeit. Selbst schwere Erkrankungen lösen in Konjunkturflauten weniger Angst aus.[225] Es bleibt aber nicht bei nackten Zahlen. Heute reiche das Armutsrisiko und die Furcht, »praktisch über Nacht unter die Armutsschwelle zu sinken«, bis weit in die Mittelschicht, wie der Armutsforscher Christoph Butterwegge diagnostiziert.[226]

Nur wenige Bevölkerungsgruppen erhalten denn auch so viel mediale Aufmerksamkeit wie Arbeitslose, vor allem jene, welche Hartz IV beziehen. Es scheint wie eine Obsession. Ich muss gar nicht erst markige Politikerzitate über Arbeitslose raussuchen. Während ich dieses Kapitel schreibe, ist gerade Schlussphase der Bundestagswahl. Ich brauche also nur kurz zu warten, und – 3, 2, 1 – sagt CDU-Mann Friedrich Merz in einem Interview mit der *Welt*, eine Verpflichtung zu gemeinnütziger Arbeit könne Langzeitarbeitslose »ein bisschen an der Krawatte ziehen« und ihnen verdeutlichen, dass sie sich eben auch mal um sich selbst kümmern müssten. Ich will noch ein zweites Zitat anführen, und – 3, 2, 1 Armin Laschet sagt: »Hartz IV ist kein Beruf.«

Ein Beruf ist es nicht, aber immer ein Leben, das medial so intensiv verfolgt wird wie sonst nur das von Influencern oder Superreichen. Wann Menschen auf Hartz IV aufstehen, was sie frühstücken, ob sie Arbeit suchen, pünktlich beim Amt erscheinen, wo und wie sie den Tag verbringen, was sie einkaufen, ob sie rauchen, was sie trinken, und bis wann im Monat das Geld reicht oder ob es schon Mitte des Monats ausgegangen ist. Nicht nur Reporter-Teams von RTL 2 gehen diesen Fragen nach. Auch Statistiker zeigten lange ein reges Interesse am Vermessen der Menschen, die die Arbeitslosenstatistik sind.

Zwei Wirtschaftswissenschaftler der TU Chemnitz versuchten einmal zu ermitteln, ob die Sozialhilfe richtig angesetzt sei, indem sie ein Minimal- und Maximalleben definierten, das gesetzlich gesichert werden sollte. Als Beispiel diente ihnen ein alleinstehender Mann, 1,70 Meter groß und 70 Kilogramm schwer. Im Minimalleben sollte dieser Mann weder rauchen noch trinken, im Maximalleben durfte er sich zur »Teilhabe an gesellschaftlich üblichen Verhaltensweisen« auch mal ein Zigarettchen gönnen. Im Minimalleben sollte er nur Leitungswasser trinken, maximal auch mal Mineralwasser. Eine Gabel und ein Messer sollte er mindestens besitzen, maximal jedoch vier (jeweils). Eine Tasse brauche er mindestens, maximal auch noch ein Glas. Ein Handtuch mindestens, maximal zwei. Vorhänge sollte ihm die Mindestsicherung nur im Maximalfall gewährleisten. Derart ging die Liste weiter. So, wie man sich als Professor für Finanzwirtschaft eben das Leben vorstellt. Im Minimalleben sah die Studie eine »Freizeitgestaltung in Form von Gesprächen, Spaziergängen, Nutzung von Parks, Teilnahme an öffentlichen Festen« vor (allerdings ohne Regenschirm, der kam nur im Maximalszenario vor), maximal durfte der Beispielmann auch mal ins Kino oder Schwimmbad gehen.[227]

Resultat der Studie war, dass 132 Euro (ohne Wohnen und Krankenversicherung) zum Leben reichen würden. Die Obergrenze sollte 278 Euro betragen. Der damalige Regelsatz von 331 Euro pro Monat sei also 16 Prozent höher als der Maximalfall. Die Berechnungen, betonten die Autoren, basierten stets auf der Annahme, dass der arbeitslose Beispielmann nicht »unvernünftig« wirtschafte. Er dürfe beispielsweise keine Lebensmittel verderben lassen. Wer nicht zu diesem »Rationalverhalten« fähig sei, dem müsse natürlich geholfen werden.

»Bekommen die Empfänger von Hartz IV zu viel Geld vom Staat?«, fragte die *Bild*.[228] Die Studie führte zu einem Eklat. Am Ende äußerte sich sogar Angela Merkel dazu und nannte sie »unverantwortlich«.[229] Die Autoren entschuldigten sich.[230]

Rechnungen wie diese sollten in der damaligen politischen Debatte – 2008 – die Frage beantworten, wie hoch die Sozialhilfe sein müsste, um ein akzeptables Leben zu gewährleisten. Die Ansicht, dass der Hartz-IV-Satz angemessen oder gar zu hoch sei, teilte lange eine Mehrheit der Bevölkerung. Erst in den letzten Jahren änderte sich die Meinung diesbezüglich.[231] Aber das ständige Zählen von Arbeitslosen und die statistische Erfassung des Lebens auf Hartz IV zementierte auch eine Trennung, die so längst nicht mehr existiert: die zwischen Arbeitenden und Arbeitslosen. Mit der »Tatsächlichen Arbeitslosigkeit« zeigt die Linkspartei, dass die Grenze zwischen beiden heute fließend ist. Wir können aber noch weiter gehen.

Die Arbeitslosigkeit berechnet sich an jenem Teil der Bevölkerung, der arbeiten kann. Aber schauen wir uns einmal an, was die Menschen in Deutschland so tun. Gemessen an der gesamten Bevölkerung machen Vollzeitbeschäftigte etwa ein Drittel der Gesellschaft aus. Diese Gruppe repräsentiert das, was man oft unter »Arbeit« versteht.

Die zweite große Gruppe bilden Kinder und Jugendliche unter achtzehn Jahren sowie Rentner über sechzig Jahren (die unterschiedlichen Renteneintrittsalter lassen wir der Einfachheit halber außer Acht). Sie gehen – in der Regel – noch keiner oder keiner Erwerbstätigkeit nach, beziehungsweise keiner mehr. Kinder und Rentner machen zusammen ebenfalls etwa ein Drittel der Gesellschaft aus.

Das interessante Drittel aber bilden die, die irgendwo dazwischen sind. Ihr Beschäftigungsverhältnis ist irgendetwas zwischen arbeitend und arbeitslos. Es kann sich um millionenschwere Erben oder Privatiers handeln, die keiner Lohnarbeit mehr nachgehen müssen, genauso wie um Hartz-IV-Empfänger. Die Arbeitslosen sind davon eine ziemlich kleine Gruppe.

Die beiden größten Untergruppen sind die, die nur Teilzeit arbeiten oder auf eigenen Wunsch keiner Erwerbstätigkeit nachgehen. Viele davon natürlich: Mütter. Auch sie arbeiten, aber ohne Lohn, und zwar exakt gleich viel wie die Väter.[232]

In Teilzeit oder unterbeschäftigt zu arbeiten, bedeutet aber oft auch ein Leben an der Grenze zur Armut. So schön die Kurve der sinkenden Arbeitslosigkeit ist, es hat sich in Deutschland auch eine »duale Armutsstruktur« herausgebildet, wie Armutsforscher Butterwegge es nennt. Es entstanden in den letzten Jahrzehnten Teilzeit-, Leih-, Zeit-, Termin-, Werkvertrags- und Telearbeit. Phasen der Erwerbstätigkeit würden zunehmend unterbrochen durch Phasen der Erwerbslosigkeit. So seien neben Langzeitarbeitslosen »Kurzzeitarme« getreten.[233] Rund dreißig Prozent der deutschen Bevölkerung sind heute einkommensarm oder zumindest armutsgefährdet. Die Zahl hat sich in den letzten zehn Jahren zwar stabilisiert. Oder weniger optimistisch formuliert: Sie stagniert.[234]

Es ist dabei auch mit Blick auf die finanzielle Situation nicht mehr so einfach, zwischen arbeitend und arbeitslos zu unterscheiden. Weil Hartz-IV-Sätze so berechnet werden, dass sie knapp unterhalb dem geringsten Einkommen liegen, sind die beiden Gruppen finanziell stets eng aneinander gebunden. Das war einmal anders. Bis 1990 orientierte sich die Sozialhilfe an einem menschenwürdigen Leben gemäß der Berechnung eines Warenkorbs.[235] So bestand zwar die Gefahr, dass sich Arbeiten nicht lohnte, wenn die niedrigsten Einkommen unterhalb der Sozialhilfe lagen. Im heutigen System aber drückt Lohndumping automatisch auch die Sozialhilfe.[236]

Aber was machen eigentlich jene den ganzen Tag, die Vollzeit arbeiten? Diese Millionen Menschen, die jeden Morgen in ein Bürogebäude laufen und abends wieder raus und damit oft gutes Geld verdienen. Niemand fragt, wann sie aufstehen, was sie frühstücken, ob sie sich gesund ernähren, rational einkaufen und ihre Zeit sinnvoll gestalten. Es scheint ein Tabu zu sein.

Für eine anarchistische Zeitschrift mit dem programmatischen Namen *Strike!* schrieb der Anthropologe David Graeber (er kam bereits im Kapitel »Was ist Geld überhaupt?« vor) einen Essay über das »Phänomen der Bullshit-Jobs«. Er meinte damit Jobs, die so vollkommen sinnlos seien, »dass selbst die Person, die ihn täglich ausführen muss, sich nicht einreden kann, es gebe dafür einen stichhaltigen Grund«.[237] Bullshit-Jobs sind keine »Scheißjobs«, bei denen man für wenig Geld mühsame Arbeiten erledigen muss, wie Feldarbeit in der Sommerhitze oder Tiere schlachten im Akkord. Bullshit-Jobs sind oft hoch angesehen und gut bezahlt. Wer sie ausübt, gilt nicht selten als Leistungsträger. PR-Leute in Unternehmen beispielsweise, in denen es nichts zu kommunizieren gibt. Aber eben auch Leute am Empfang, die nur repräsentative Aufgaben haben. Lakaien, die dafür sorgen, dass sich jemand anderes wichtig fühlt. Und Manager, die diese sinnlosen Aufgaben verteilen, oder aber sinnvolle Aufgaben verteilen, die ihre Untergebenen auch selbst verteilen könnten. Allen, die einen Bullshit-Job ausüben, sei gemein, dass sie insgeheim wüssten, dass ihr Job *Bullshit* ist.[238]

Nachdem sein Artikel viral gegangen war, wurde Graeber von Zuschriften von Menschen überhäuft, die ihm von ihren Jobs berichteten. Später sprang auch das britische Umfrageinstitut YouGov, das mit Online-Umfragen repräsentative Meinungsforschung betreibt, auf den Zug auf. »Leistet Ihre Arbeit einen sinnvollen Beitrag für die Welt?«, fragte das Institut (im Englischen hieß es *meaningful*, was »sinnvoll«, aber auch »bedeutsam« heißen kann). Und siehe da: Nur gerade 50 Prozent der Briten sagten ja, ganze 37 Prozent meinten nein.[239] Rechne man noch die Bullshitisierung nützlicher Berufe hinzu, könne man wohl die Arbeitswoche auf 15 Stunden Arbeit oder weniger reduzieren, »ohne dass es irgendjemandem allzu sehr auffällt«, glaubt Graeber.[240] Er schrieb darüber 2018 ein gleichnamiges Buch, *Bullshit Jobs*, das trotz oder wegen seiner unterschwelligen Komik zu einem linken Klassiker avancierte.

Graeber legte offen, dass unsere Gesellschaft womöglich noch immer feudalistischer ist, als wir das glauben wollen. Jobs in der Landwirtschaft werden zwar immer weniger. Jene in der Industrie stiegen bis in die fünfziger, sechziger Jahre noch an, werden seither aber ebenfalls weniger. Jene für Dienstleistungen hingegen – vor allem die Verarbeitung von Information – dominieren heute die Wirtschaft.[241] Und genau in diesem Bereich hätten sich die Bullshit-Jobs vermehrt, glaubt Graeber. Die Gesellschaft werde zwar immer produktiver, die Gewinne daraus aber würden »in die Schaffung ganz neuer, grundsätzlich sinnloser professioneller Managerposten« fließen. Dieses Managertum sei eine neue Form des Feudalismus.[242]

Wenn ein Anthropologe in einer anarchistischen Zeitschrift einen Essay veröffentlicht und ein Buch daraus macht, basierend auf launigen Zuschriften von Leuten, die ihr Job nicht erfüllt, und einer Umfrage eines Instituts für Meinungsforschung, dann wird sich Widerspruch regen. Am heftigsten protestiert hätten, so Graeber, Unternehmer. Sie seien blind für den Bullshit, den sie schaffen.[243] Andere glaubten, dass Bullshit-Jobs nicht existieren könnten, weil freie Marktwirtschaft Effizienz zum Ziel hätte. Und nochmals andere hielten Bullshit-Jobs nur für eine Folge staatlicher Eingriffe.[244]

Wahrscheinlich nimmt man Graebers Zahlen ohnehin zu ernst. Es geht hier letztlich um die Frage, ob eine Wirtschaft auch funktionieren kann, wenn alle mehr Freizeit haben. Ob man Arbeitszeit verkürzen oder besser verteilen kann, damit

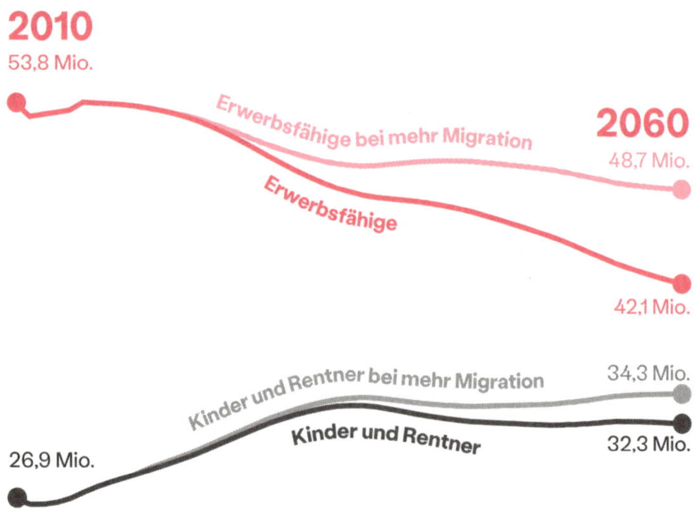

Abb. 19: Entwicklung und Prognosen der Bevölkerung im erwerbsfähigen Alter (15–64) sowie aller übrigen. Quelle: Statistisches Bundesamt.

die Gesellschaft nicht mehr aus Vollzeitarbeitenden auf der einen und Arbeitslosen und Teilzeiterwerbstätigen am Rande der Armut auf der anderen Seite besteht.

Ein Teil der Antwort ist: Wir werden es bald herausfinden! Aber wir müssen dafür den Blick heben von der Arbeitslosenquote und auf eine andere Kurve schauen: die Anzahl der Arbeitskräfte, und zwar in den nächsten Jahrzehnten (Abb. 19).

Fast zwei Drittel der Bevölkerung ist derzeit im Alter zwischen 15 und 64. Nicht einmal ein Viertel ist älter. Spulen wir vor ins Jahr 2060, sieht das Land laut den Prognosen des Statistischen Bundesamts völlig anders aus. Dann wird – bei niedriger Zuwanderung – nur noch etwa die Hälfte der Bevölkerung im Arbeitsalter sein, ein Drittel jedoch im Rentenalter. Auch wird die Bevölkerung kleiner, 74 Millionen statt heute 84.[245] Es wird aber nicht wesentlich weniger Arbeit anfallen.

»Der einzige große Hebel, um dem entgegenzuwirken, ist die Migration«, sagt Enzo Weber, der Arbeitsmarktforscher. »Zwar wird auch das Renteneintrittsalter faktisch – wenn auch nicht gesetzlich – steigen. Und noch mehr Frauen könnten ihre Teilzeit erhöhen. Aber diese Potenziale sind beschränkt.« Bleibt die Migration, wobei diese auch kaum mehr wie bisher aus Europa kommen könne. Andere EU-Länder altern ähnlich. Osteuropa holt wirtschaftlich auf. Deutschland müsse also auch dafür sorgen, dass die, die kommen, bleiben wollten.

»Die Arbeitslosenquote bleibt eine wichtige Zahl«, schließt Weber: »Man kann nicht einfach aus der Arbeitslosigkeit rausschrumpfen, sondern wird immer auch Probleme haben, dass Arbeitnehmer und Arbeitgeber nicht zusammenpassen.«

Wahrscheinlich wird auch die mediale Faszination der Arbeitslosigkeit bleiben. Aber vielleicht ist es an der Zeit, andere Kurven und andere Gruppen in den Blick zu nehmen. Was machen eigentlich Rentner den ganzen Tag? Immerhin werden auch sie von der arbeitenden Bevölkerung querfinanziert. Wann stehen sie auf? Was frühstücken sie? Lassen sie im Kühlschrank auch sicher nichts verderben?

Daten für Dumme

Die Idee war nicht die dümmste und von einer gewissen Menschenliebe motiviert: 1905 entwickelten die französischen Psychologen Alfred Binet und Théodore Simon den ersten sogenannten Intelligenztest. Dieser sollte dabei helfen, Schülerinnen und Schüler mit Lernschwächen zu erkennen und in Förderklassen besser zu betreuen. Zuvor hatte es Binet mit dem Vermessen ihrer Köpfe versucht, was zu keinem brauchbaren Ergebnis geführt hatte.

Der Test mit schwieriger werdenden Fragen sollte ein »Intelligenzalter« der Kinder ermitteln. Hätte man es einfach dabei belassen, wäre uns vieles erspart geblieben. Aber die Verlockung, endlich auch für Intelligenz ein einheitliches statistisches Maß zur Verfügung zu haben, war groß. So entstand der berühmte IQ, der auch Erwachsene klassifizieren sollte. Schnell begann man Intelligenztests bei der Rekrutierung von Personal oder der Musterung von Soldaten zu verwenden. So begann die Industrialisierung von Intelligenz.[246]

Eine einheitliche Definition davon, was »Intelligenz« überhaupt ist, gibt es bis heute, fast 120 Jahre später, nicht. Ihr Kernstück sei, so die Intelligenzforscherin Elsbeth Stern von der ETH Zürich, das »schlussfolgernde Denken«, also die Fähigkeit, aus gegebenen Informationen neue Informationen abzuleiten.[247] Ein solches Denken fragt der IQ-Test ab, im engsten Sinne: Reihen vervollständigen, Begriffe ergänzen, Dinge kategorisieren. Buchhalter schneiden offenbar sehr gut dabei ab.[248]

Verfechter von Intelligenztests sind überzeugt, dass man vom IQ darauf schließen kann, wie gut jemand die Schule und das Leben meistern wird. »Die empirische Intelligenzforschung hat in ihrer rund 100-jährigen Geschichte in Dutzenden, in manchen Bereichen sogar in mehreren Hundert Studien zeigen können, dass Intelligenz tatsächlich ein vorteilhaftes Merkmal ist, wenn es um schulische und berufliche Erfolge geht«, schreibt Stern.[249] Und auch die bekannte Moderatorin und Wissenschaftsjournalistin Mai Thi Nguyen-Kim hält fest, der IQ sei Prädiktor für eine »beeindruckende Liste« von Dingen wie Schulnote, beruflicher Erfolg, Einkommen, Wohlstand, Wohlbefinden, Gesundheit oder Langlebigkeit. Oder zumindest so halb.[250]

Zwei Dinge, die von besonderer gesellschaftlicher und politischer Relevanz sind, können wir heute über die mit IQ-Tests gemessene Intelligenz wissenschaftlich gesichert sagen. Erstens: Ja, der IQ korreliert einigermaßen mit dem schulischen und – wenn auch weitaus schlechter – dem beruflichen Erfolg. Wer einen niedrigen IQ hat, hat oft auch schlechte Noten und wird später eher nicht so viel verdienen. Und zweitens ist Intelligenz zu einem gewissen Grad erblich. Beides ist allerdings mit sehr vielen Wenn und Aber verbunden, die in gesellschaftlichen und leider auch wissenschaftlichen Debatten schnell unter den Tisch fallen.

Die Korrelation von IQ-Tests mit dem schulischen Erfolg liegt auf einer Skala von 0 (kein Zusammenhang) bis 1 (perfekter Zusammenhang) bei etwa 0,5. In der Bildungsforschung gilt das als gut. Der Zusammenhang ist aber auch nicht verwunderlich, der Test wurde ja schließlich zur Erkennung von

Lernstörungen entwickelt und gleicht einer Schulprüfung. Für die Zuverlässigkeit der Tests spreche außerdem, dass die Resultate selbst dann ähnlich sind, wenn eine Person den Test wiederholt. Kritiker halten genau das für ein Zeichen seiner Unzuverlässigkeit. Die Resultate sind ja nur ähnlich. Und sobald wir die geschützte Umgebung des Klassenzimmers verlassen und mit dem IQ so etwas wie »beruflichen Erfolg« prognostizieren wollen, wird es statistisch holprig. Was überhaupt soll beruflicher Erfolg sein?

Forscherin Stern beschreibt beruflich erfolgreiche (intelligente) Menschen vage als solche, die »gesellschaftliche, wissenschaftliche, künstlerische oder sonstige Neuerungen« hervorbringen würden. Innovative, wenn man so will. Blättert man aber zwei Seiten weiter in ihrem Buch *Intelligenz – Große Unterschiede und ihre Folgen*, listet sie Berufe mit den höchsten IQs auf. Auf den ersten Plätzen landen Jobs wie Bilanzbuchhalter, Rechtsanwälte oder Rechnungsprüfer.[251] Nichts gegen diese Leute und ihre zweifelsohne wichtige Arbeit, aber Neues entwickeln sie beim besten Willen nur selten. »Kreative Buchführung« ist sogar ein Synonym für Betrug.

Als ich mit Stern spreche, relativiert sie die Liste etwas. »Es geht um Menschen, die effizient Informationen verarbeiten können, logische Schlussfolgerungen ziehen und mit Komplexität umgehen. Wie sie ihre Fähigkeiten einsetzen, ist sehr unterschiedlich«, sagt sie. »Aber um innovativ zu sein in einem komplexen, akademischen Gebiet, ist ein hoher IQ notwendig.« Die Liste der Berufe sei außerdem eine veraltete Liste, heute würden kaum noch die IQs von Berufsgruppen erhoben. Und es stehen – das muss man fairerweise ergänzen – weit vorne auf der Rangliste auch Berufe wie Ingenieure oder Chemiker, denen man ein innovatives Potenzial unterstellen darf.

Manche Studien versuchen »beruflichen Erfolg« anhand des

Prestiges zu messen, das Berufe laut Umfragen genießen. Das niedrigste soziale Ansehen haben offenbar Jobs wie Paketbote oder Kioskverkäufer, das höchste Prestige genießen Ärzte, Anwälte oder Architekten.[252] Aber ist es »beruflicher Erfolg«, nur wenn andere denken, dass ich erfolgreich bin?

Weil eine Definition so schwierig ist, messen viele Studien »beruflichen Erfolg« einfach am Einkommen oder Vermögen und vergleichen dieses mit dem IQ. Abbildung 20 zeigt das Datenset einer Gruppe von Babyboomern aus den USA, wo solche Zahlen eher erhoben werden als in Deutschland. Wir sehen zunächst ein ziemliches Chaos aus pinken Punkten überall. Doch wie man anhand der Verteilung sieht, scheint das Einkommen tatsächlich mit dem IQ zu korrelieren: es steigt tendenziell, je höher der IQ ist. Und: Wer einen niedrigen IQ hat, verdient oft auch wenig. Ab einem etwas höheren Einkommen finden wir allerdings jeden IQ und bei hohen IQs auch jedes Einkommen. Die Punkte sind so weit über die ganze Bandbreite verstreut, dass die Tendenz fast jede Aussagekraft verliert. Dieselbe Studie untersuchte außerdem noch das Vermögen von Personen und fand keinen nennenswerten Zusammenhang mit den gemessenen IQs.[253]

Beruflicher Erfolg funktioniert offensichtlich nach anderen Regeln als schulischer. Wer wo landet, hängt von Faktoren wie Geschlecht, familiären Beziehungen, sozialen Netzwerken, Studien- oder Berufswahl, Konjunkturen bestimmter Branchen, unvorhergesehenen Ereignissen (wer – außer vielleicht den Extremwerttheoretikern – konnte vor ein paar Jahrzehnten schon ahnen, dass Informatiker reich und Virologen wichtig werden sollten?), aber auch Mut oder Unverfrorenheit ab. »Bei akademischen Berufen ist das allerdings anders«, schränkt ETH-Professorin Stern ein. »Der IQ macht schon einen Unterschied, wer am Ende Professor wird. Aber in anderen Bereichen ist das vielleicht anders.« Doch selbst sie schreibt, dass ein IQ von 140 im Berufsleben nicht unbedingt erfolgreicher macht als einer von 120.[254] Und dabei sprechen wir nicht von der Crème de la Crème des Hirnschmalzes, sondern allenfalls von der Crème: Einen IQ von über 120 hat rund jede zehnte Person, also zwei bis drei in jeder Grundschulklasse.

Deshalb platzt ab und an Statistikern der Kragen, wenn es um den IQ geht. Jüngst war es Nassim Taleb, der uns bereits im Kapitel »Be(un)ruhigende Zahlen« begegnet ist, der in Bezug auf den IQ von einem »größtenteils pseudowissenschaftlichen Schwindel« polterte, konzeptioniert von »geistlosen Nerds« für »Prüflinge, Bürokraten, hörige IYIs (*intellectuals yet idiots*, also »Intellektuelle, aber Idioten«), die schlecht angepasst an das echte Leben sind«, um Leute für den Rest ihres Lebens in Schubladen zu schieben.[255]

Ähnlich problematisch ist der Aspekt der Erblichkeit von Intelligenz. Wieder sind die Ansagen selbstbewusst: Von 50 bis 80 Prozent genetischem Einfluss ist bisweilen die Rede. »Kein Zweifel« bestehe daran, jedenfalls nicht unter »seriösen Wissenschaftlern«, schrieb seinerzeit etwa Thilo Sarrazin.[256] In Wirklichkeit ist die Erblichkeit von Intelligenz – soweit diese überhaupt sinnvoll messbar ist – eines der kontroversesten Themen in der Humanbiologie.[257]

Gene haben Einfluss darauf, wer wir sind. Vieles ist erblich: Augenfarbe, Körpergröße, aber auch Erkrankungsrisiken, sei es Diabetes oder Depression. Auch »Intelligenz« wird durch die Gene weitergegeben.[258] Wie das biologisch funktioniert, ist allerdings auch nach Jahrzehnten der Forschung nicht klar. Selbst bei etwas wie der Körpergröße, die einfach messbar ist und – zumindest im Westen – kaum sozialen Einflüssen unterliegt, entpuppen sich scheinbare Durchbrüche der Genanalyse immer wieder als statistische Fata Morganen.[259]

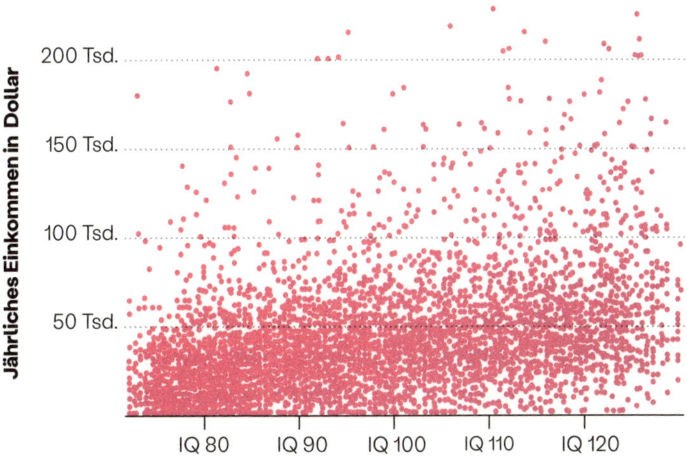

Abb. 20: Intelligenzquotient und Einkommen einer Stichprobe amerikanischer Babyboomer, befragt 2004. Übernommen und adaptiert von Zagorsky, 2007. Daten: NLSY79.

Um der Vererbung von Intelligenz auf die Schliche zu kommen, werden sogenannte Zwillingsstudien durchgeführt. Die Idee ist einfach: Eineiige Zwillinge sind genetisch identisch; misst man bei ihnen mittels IQ-Test eine unterschiedliche Intelligenz, muss dies das Resultat von Umwelteinflüssen sein, so die Annahme. Angenommen, die Umwelt hätte keinerlei Einfluss und nur die Gene wirkten sich auf den IQ aus, würden die Testergebnisse der eineiigen Zwillinge übereinstimmen. Anders sieht es bei zweieiigen Zwillingen aus, sie sind – vereinfacht gesagt – genetisch nur zu 50 Prozent identisch. »Normale Geschwister sind sich nicht viel unähnlicher als zweieiige Zwillinge. Ihre Persönlichkeit kann sich erheblich unterscheiden«, sagt Stern. »Eineiige hingegen gleichen sich in ihrer Persönlichkeit, aber gerade auch in ihrer Intelligenz stark.« Bei zweieiigen Zwillingen können wir die Gene bei der Arbeit beobachten. Sie sind ja, so die Annahme, genau gleich aufgewachsen, aber genetisch verschieden. Aus der unterschiedlichen Ähnlichkeit von eineiigen und zweieiigen Zwillingen lässt sich also der Einfluss der Gene berechnen.

Verglichen werden allerdings nur Zwillinge mit demselben Geschlecht, weil man aus guten Gründen davon ausgeht, dass ein Mädchen anders erzogen wird als ein Junge, selbst wenn es Zwillinge sind. Hier liegt bereits das erste Problem, denn auch Zwillinge können unterschiedlich erzogen werden, selbst wenn sie dasselbe Geschlecht haben. Eineiige aber werden möglicherweise ähnlicher erzogen oder von ihrer Umwelt ähnlicher behandelt, eben weil man erwartet, dass sie identisch sind.

Schwerwiegender ist ein anderes Problem. »Eine Zwillingsstudie in Deutschland ist zunächst einmal nur für Deutschland repräsentativ«, sagt Stern. Wir können aus ihr keine Schlüsse für die Menschheit generell ableiten, auch wenn das oft gemacht wird. Selbst innerhalb eines Landes kann eine Zwillingsstudie fatale Verzerrungen haben, wenn die Zwillinge beispielsweise nur aus einer bestimmten sozialen Schicht kommen. »In den USA wurden deshalb auch Zwillingsstudien unter Schwarzen durchgeführt«, sagt Stern. Prompt zeigte sich, dass der Anteil der Erblichkeit von Intelligenz geringer ist und die Umwelteinflüsse weit überwiegen. Je ärmer das Elternhaus ist, desto mehr schwindet der Einfluss der Gene. In den ärmsten Familien verschwand der genetische Faktor praktisch ganz.[260]

»In sozial höheren Schichten bekommen die meisten Kinder das, was sie zur optimalen Intelligenzentwicklung brauchen«, so Stern. Die Umwelt hat keinen großen Einfluss mehr. »In sozial schwachen Familien bekommen manche, aber nicht alle Kinder die Unterstützung, die sie zur Ausbildung ihrer in den Genen vorgesehenen Intelligenz benötigen.« Heißt: Je nach sozialem Umfeld bedeutet Erblichkeit etwas völlig anderes.

Diese Asymmetrien und Streuungen müssen wir uns vor Augen halten, wenn es leichtfertig heißt, der IQ korreliere mit Noten und Einkommen und sei zu 50 bis 80 Prozent vererblich. Dummerweise wird das oft vergessen, wenn das Thema Intelligenz in die politische Arena tritt.

Vor allem in konservativen und rechten Diskursen hat der IQ lange schon einen besonderen Platz in der Frage, wie sich die Bevölkerung entwickeln soll. Bereits Koryphäen der Statistik wie Francis Galton im 19. Jahrhundert oder später Karl Pearson (geistiger Vater der Korrelation) beschäftigte die Frage, was passiert, wenn die (weniger intelligenten) Armen in Großbritannien sich stärker vermehren als die (klugen) Reichen. Oder noch schlimmer: wenn die Falschen einwandern. Pearson war deshalb sogar gegen Sozialreformen wie Bildung für alle, Mindestlöhne oder Verbot von Kinderarbeit, weil diese entweder sinnlos seien, da Intelligenz ohnehin familiär vererbt werde, oder nur dazu führen würden, dass sich die »Unfähigen« vermehrten.[261] Der IQ stieg in Großbritannien dann trotzdem, und auch die Wirtschaft florierte. Und weil sich die Nationalsozialisten ähnliche Gedanken machten, aber noch weit schlimmere Schlüsse daraus zogen, trat die Ideologie der Eugenik ins wissenschaftliche Hintertreffen.

1994 waren es in den USA zwei Professoren, die in ihrem Buch *The Bell Curve* diese alten Argumente wieder auffrischten. Statt Einwanderer und Arme standen vor allem Schwarze im Fokus. Dabei wurde schon damals der IQ-Unterschied zu amerikanischen Weißen kleiner, weil sich die schulische und berufliche Situation Schwarzer Amerikaner verbessert hatte.[262] Die Debatte hallt in den USA bis heute nach. In konservativen und libertären Talk-Formaten sind IQ und soziale Ungleichheit immer wieder Thema, mit einem sozialstaatskritischen Dreh. Zur Diskussion steht, ob schulische und universitäre Förderung von sozialen Minderheiten überhaupt funktionieren kann, wenn der Erfolg im Leben ohnehin durch die (erbliche) Intelligenz vorbestimmt sei. Nur eben ist sie das nicht.

In Deutschland war es der Berliner Finanzsenator Thilo Sarrazin, den die Frage beschäftigte, warum Deutschland trotz durchschnittlicher Bildungsausgaben im internationalen Bildungsvergleich nicht etwa durchschnittlich, sondern bloß »mäßig« abschnitt (der PISA-Schock saß in den Nullerjahren tief in der nationalen Psyche). Sarrazin glaubte, dies nur mit der »Qualität des Unterrichts und / oder der Qualität des Schülerbestands« erklären zu können.[263]

Das Deutschland der Nullerjahre war ein Land, das an sich selbst zweifelte. Die Arbeitslosigkeit stagnierte auf relativ hohem Niveau. Von »spätrömischer Dekadenz« und »Generation doof« war die Rede, davon, dass das Land faul geworden sei und verdumme. Die Babyboomer gingen auf das Rentenalter zu, Nachwuchs hatten sie nur wenig gezeugt. Dass ein Land altern kann und wirtschaftlich trotzdem weiterwachsen, war noch nicht ausgemacht. Apokalyptische Zahlen aus der Demographie und der Bildung standen entsprechend hoch im Kurs. Diese Stimmung griff Sarrazin mit seinen Thesen auf. Dass überdurchschnittlich viele Kinder »in bildungsfernen Schichten mit häufig unterdurchschnittlicher Intelligenz aufwachsen« würden, lasse »uns schon aus rein demografischen Gründen durchschnittlich dümmer werden«, folgerte er in seinem 2010 erschienenen Buch, das die Bestsellerliste stürmte. Deutschland werde »kleiner und dümmer«.[264] Das Land schaffe sich ab.

»Er hatte das Konzept von IQ und Genen nicht verstanden«, sagt ETH-Professorin Stern, auf deren Forschung sich Sarrazin unter anderem berief. Die Wirkung der Gene sei »hochkomplex« und gleiche »einem Lotteriespiel mit sehr vielen

Unbekannten«, je nachdem, wer was von welchem Elternteil erhalte. »Auch Eltern, die aufgrund ihrer genetischen Ausstattung selbst einen niedrigen IQ haben, geben mit einiger Wahrscheinlichkeit nicht alle ihre ›schlechten‹ Gene an ihre Kinder weiter«, so Stern. Deshalb sei selbst eine relativ hohe Erblichkeit nach wenigen Generationen schon wieder eine kleine. Das »Schreckgespenst der schleichenden Verdummung« lenke von den eigentlichen Problemen ab, allen gute Bedingungen zu bieten.[265]

In einem späteren Buch mit dem Titel *Feindliche Übernahme* scheint Sarrazin die Gen-These dann selbst wieder zu relativieren. Es sei offen, schrieb er 2018, wie sich Intelligenzunterschiede auf genetische und kulturelle Einflüsse verteilen. Im Zweifel laute seine Hypothese: auf kulturelle. Gemeint war der Islam. So selbstsicher wie er die Gen-These vertreten hatte, so selbstbewusst vertrat er nun, dass der für »die ganze islamische Welt ziemlich einheitliche Befund« internationaler Intelligenzunterschiede »zwingend auf die islamische Umgebungskultur als Ursache« verweise.[266] Es sei »die innere Logik der Religion des Islam«, weshalb der Westen heute wirtschaftlich und wissenschaftlich islamischen Ländern überlegen sei: Keine Anpassung an die Moderne, Desinteresse an der restlichen Welt, mit Demokratie unvereinbar.[267] Der Westen hingegen sei modern – und man darf annehmen: intelligent – geworden durch eine zusammenhangslose Liste von Dingen wie dem »Erbe der Antike«, Katholizismus, Protestantismus, europäische Sprachen, Trennung von geistlicher und weltlicher Macht, Repräsentativorgane und Individualismus.[268]

Die Islam-versus-IQ-These ergibt schon mit einem kurzen Blick auf jene Weltkarten nicht besonders viel Sinn, die behaupten, nationale IQs abzubilden (für die meisten Länder, geschweige denn Bevölkerungsgruppen, gibt es keine IQ-Erhebungen, sie wurden einfach hochgerechnet), und dies an die jeweiligen dominierenden Religionen gekoppelt.[269] Sie zeigen eine Führungsgruppe aus Ländern in Ostasien wie Japan oder China (also Daoisten, Shintōisten oder Anhänger des Konfuzius), gefolgt von Nordamerika und Europa (Christen) und einem bunten Mittelfeld bestehend aus Südamerika (Christen), Nahem Osten (Muslime) und Mittlerem Osten (Hindus und Muslime). Auf den hinteren Rängen begegnen uns Länder Afrikas (Muslime und Christen).

Nun könnte man fragen, warum Daoisten und Shintōisten so hohe IQs und Christen mitunter die niedrigsten haben. Und warum so viele Hindus, Muslime und Buddhisten irgendwo dazwischen liegen (Indien misst – wenn man den Daten unbedingt glauben will – ungefähr den gleichen IQ wie seine muslimischen Nachbarländer). Dennoch sind es die Muslime und nicht die Hindus in Indien oder Christen in Afrika, deren IQ mit Religion erklärt werden soll.

Die politische Linke hielt von solchen Gedankengängen wenig. Die Antwort auf schlechte Bildungserfolge sozialer Gruppen könne nur mehr Bildung sein, war die Erwiderung auf Sarrazin. Gesellschaftliche Selektion, ob durch gezielte Migration oder Familienpolitik, sei keine Lösung. Aber es gibt auch in einem eher linken, bildungsbürgerlichen Milieu Untergangsszenarien durch angeblich schleichende Verdummung.

In unregelmäßigen Abständen erscheint auf der Startseite von *Zeit Online* ein langer Artikel von 2019, der offenbar so sehr interessiert, dass er von der Redaktion immer wieder gespielt wird. »Wir waren mal schlauer«, so die Überschrift.[270] »Lange stieg der IQ in Industrienationen, seit einigen Jahren aber sinkt er. Die Gründe dafür haben Sprengkraft für Gesellschaften«, verspricht die Unterzeile. Illustriert ist er mit einem Tuba spielenden Jungen mit blauen Augen, was wahrscheinlich für Intelligenz stehen soll (oder für jene Zeit, als wir schlauer gewesen sein sollen und noch Tuba gespielt haben). Der Artikel handelt vom sogenannten Flynn-Effekt. Demnach stiegen die IQs vor allem im Westen nach dem Zweiten Weltkrieg stetig an. Doch seit den neunziger Jahren, glauben manche Studien, stagniere das Wachstum. Schlimmer noch: Der IQ sinke.

Das Phänomen ist in Wirklichkeit sehr heterogen und variiert von Land zu Land. In Deutschland und Österreich zum Beispiel soll seit den neunziger Jahren das räumliche Vorstellungsvermögen leiden,[271] während in den USA der IQ weiter zunimmt. Es gibt sogar mehr Studien, die einen weiteren Anstieg zeigen als solche mit sinkendem. Möglich ist, so eine Überblicksstudie, dass die Länder mit sinkendem IQ einfach ein Maximum an wissenschaftlichem Denken durch Bildung erreicht haben. Es sind mitunter die reichsten Staaten mit der besten Wohlstandsverteilung der Welt, vor allem die skandinavischen, die Rückgänge vermelden.[272] Auf ihr Wirtschaftswachstum scheint sich das nicht auszuwirken.

In dem Artikel aber klingt das apokalyptischer. »Es sieht also wirklich so aus, als wäre in den Köpfen der Menschen irgendetwas nicht in Ordnung«, steht da. Und man würde es ja überall sehen: immer mehr ADHS-Diagnosen, immer mehr Autismus-Spektrum-Störungen, Konzentrationsstörungen, Lernschwierigkeiten. Warum, könne die Wissenschaft noch nicht genau sagen. Umso mehr lässt sich spekulieren.

Der mittlerweile verstorbene Politologe und Intelligenzforscher James Flynn, nach dem der Effekt vom steigenden IQ benannt ist, glaubte, der IQ sei einst gestiegen, weil Bürgerrechtsbewegung und Demokratisierung den Menschen die Möglichkeit gaben, sich zu entwickeln. Mittlerweile aber offenbar nicht mehr. »Die größte Veränderung, die mir über die Jahre aufgefallen ist«, wird Flynn in dem *Zeit*-Artikel zitiert, »ist das Verschwinden anspruchsvoller Bücher.« Regelmäßiges Vorlesen hingegen sei gut für Kinder, heißt es im Artikel. Das aktiviere Gene, die das Sprachzentrum vernetzen. Stattdessen würden sich Kinder in Computerspielen verlieren. Wo bei Sarrazin der Prophet Mohammed auf den IQ drückte, ist es nun Super Mario.

Auch regelmäßige Ohrfeigen oder dramatische Ereignisse wie Autounfälle könnten schlechte Gene aktivieren. Oder zu viele Schokoriegel (als schokoladensüchtiger Schweizer darf ich anmerken, dass der Pro-Kopf-Schokoladen-Konsum eines Landes positiv mit der Anzahl von Nobelpreisen korreliert)[273]. Möglich sei aber auch, dass Chemikalien, die in Pestiziden, Flammschutzmitteln, Verpackungen und Kosmetika enthalten sind, im Körper des Menschen wichtige Rezeptoren behindern. »Es werden Kinder geboren, deren Intelligenzquotient unter den Möglichkeiten ihrer Gene liegt«, heißt es in dem Artikel weiter. Nicht Deutschland, sondern gleich ganz Europa schafft sich dabei ab: »Sinkt der IQ einer gesamten Volkswirtschaft um fünf Punkte, hat das Auswirkungen vor allem auf die Ränder der Gesellschaft. Es bedeutet, dass sich die Extreme verändern. Dass es viel weniger Hochbegabte gibt, weniger Einsteins und Mozarts. Weniger Genies, weniger Menschen, die in der Lage sind, Ungedachtes zu denken. Und dafür viel mehr Minderbegabte.« Ein IQ-Punkt weniger bedeute 2 Prozent weniger Verdienst. Der EU entstünden Kosten von 150 Milliarden Euro.

Man könnte fast meinen, die Geldmenge der Europäischen Zentralbank sei an die Intelligenz der Europäer gebunden und ganz Skandinavien ein neuer sozialer Brennpunkt.

Womöglich hat der IQ deshalb so lange überlebt, weil er statistisch knapp gut genug ist, um ihn nicht völlig zu verwerfen. Wir können vom IQ ein Stück weit auf den schulischen, beruflichen und finanziellen Erfolg im Leben schließen. Aber das Konzept IQ ist auch ausreichend schlecht, um viel Raum für Interpretationen offenzulassen, den man mit politischen Wunsch- oder Horrorvorstellungen füllen kann.

Thilo Sarrazin konstruierte auf der Basis des IQs eine Geschichte der Welt, in der das christliche Abendland durch Demokratie, Wissenschaft und Technik – oder eben Intelligenz – die Welt erobert hat, der Islam hingegen nur mit schwingendem Schwert und stumpfsinniger Gewalt. Aus der gesamten islamischen Welt habe es seit dem ausgehenden Mittelalter »keine nennenswerten Beiträge zur Entwicklung der technisch-wissenschaftlichen Revolution« gegeben.[274] Nun drücken wir zwar selbst den IQ mit sogenannten arabischen Ziffern aus. Sarrazin aber wischt das damit weg, indem er den Arabern lediglich eine »Brückenfunktion« zugesteht. Sie hätten lediglich die eigentlich »indische Mathematik« ans heutige Weltwissen weitergereicht.[275] Es ist eine für den Westen tröstliche Geschichtsklitterung aus Kultur und Klugheit anstelle von Krieg und Kolonialismus.

Intelligenzforscherin Stern wiederum stellt sich eine Gesellschaft vor, in der die Gene – und nicht die soziale Herkunft – über die soziale Stellung entscheiden. »Es ist nicht ungerecht, wenn unterschiedliche Menschen beruflich unterschiedlich erfolgreich sind, solange der Erfolg mit ihren Anlagen übereinstimmt«, sagt sie. Sie wünscht sich etwa einen IQ-Test für den Zugang an die Universitäten. »Es ist schlimm, wenn man an der Universität keine intelligenten Leute hat, die selbstständig denken anstatt nur wiederzukäuen. Wenn geistig lahme Luschen dann Lehrer werden, ist das nicht gut für die Schüler.«

Als die Psychologen Alfred Binet und Théodore Simon 1905 den Intelligenztest entwickelten, wollten sie ein statistisches Maß, um Kinder in passende Schulklassen einzuteilen. Entstanden ist daraus ein Maß dafür, wer die Dummen sind und wer die Klugen, wer die Welt führen sollte und wer nicht, wer es verdient hat, viel zu verdienen, und wer nicht. Kein statistisches Maß kann das.

TEIL 4

Grün

To fly, or not to fly

Der CO_2-Rechner des Umweltbundesamts ist wie ein kompliziertes Poesiealbum, dem man in Zahlen anvertrauen kann, wer man ist. An rund fünfzig Werten kann ich schrauben, um mein Leben zu beschreiben. Wohne ich alleine oder mit anderen, und wenn ja, wie vielen? Wann wurde das Haus gebaut oder saniert? Womit wird geheizt? Und wie stark? Esse ich vegetarisch? Vegan? Oder tiefgekühlt? Achte ich beim Einkaufen auf Langlebigkeit? Oder vor allem auf den Preis? War ich auf Kreuzfahrt? Bitte auch alle Flüge eintragen.

Mein Ergebnis kann sich sehen lassen. Es ist nicht so, dass ich mir viel Mühe gebe, meine CO_2-Emissionen zu vermeiden. Ich habe es einfach sehr leicht. Ich lebe in einer Großstadt, da ist der Wohnraum zwangsläufig klein. Die Wege sind kurz und selbst für lange nutze ich das Rad, einfach weil ich Rad fahren liebe und noch jung und gesund genug dafür bin. Der Urlaub führt meistens in die Berge und das meist mit dem Zug. Für emissionsreiche Kreuzfahrten verdiene ich zu wenig. So verursache ich nicht einmal zwei Drittel des CO_2 eines Durchschnittsdeutschen. Doch ich müsste runter auf null. Und dann ist da noch die Sache mit den Flügen.

Kurz vor der Pandemie zum Beispiel flog ich nach Mexiko, zur Hochzeit eines Schulfreunds. Trage ich allein diesen Flug in den Rechner ein, verdoppelt sich fast mein gesamter Fußabdruck beinahe. In nur vierundzwanzig Stunden für Hin- und Rückflug habe ich so viel CO_2 verursacht wie sonst fast das ganze Jahr über! Die Hochzeit mit zweihundert Gästen, die von überall auf der Welt nach Mexico City einflogen, verursachte in etwa so viele Emissionen wie zwei Hektar gerodeter Dschungel auf Yucatán.

Danke dafür, M&C!

Kaum eine Statistik ist so tief ins grüne Gewissen eingedrungen wie der CO_2-Fußabdruck. Er ist Symbol geworden für das, was Menschen der Erde antun. Ein statistisches Maß für persönliche Schuld. Faszinierend an ihm ist, dass er komplexe Daten in einfachen Zahlen auf das eigene Leben herunterbricht. Politische Wucht aber zieht er daraus, dass er ein gutes Leben definiert. Wer gut ist, so der CO_2-Rechner, nimmt die Bahn anstatt zu fliegen, nimmt das Fahrrad anstatt das Auto, isst Pflanzen statt Fleisch und baut mit Holz statt Beton. Der CO_2-Fußabdruck ist der Grund, warum Produkte und Lebensweisen heute mit einem Stigma oder Anerkennung verbunden sind. Weshalb Vegetarier behaupten können, dass sie nicht nur etwas für sich selbst und das Wohl von Tieren tun, sondern für die gesamte Menschheit. Er ist der Grund, weshalb Unter-

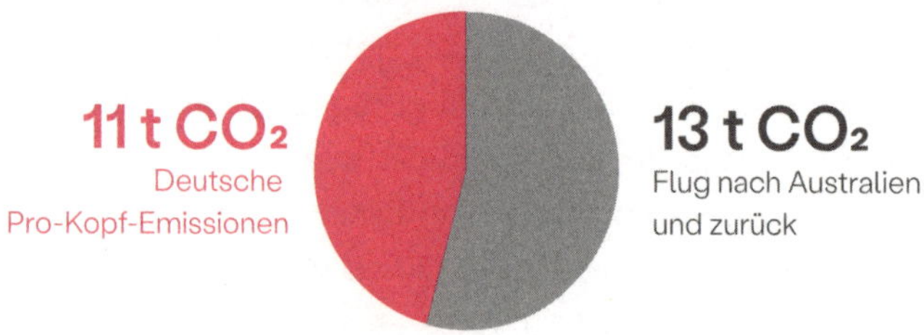

Abb. 21: Durchschnittliche jährliche CO_2-Emissionen einer Person in Deutschland sowie von einem Hin- und Rückflug nach Australien. Quelle: Umweltbundesamt.

nehmen zum CO_2-Ausgleich Bäume pflanzen lassen, um auf ihre Produkte zu schreiben, dass sie klimaneutral seien. Er ist der Grund, warum manche Passagiere heute mehr an Flugscham als an Flugangst leiden – und warum Greta Thunberg im August 2019 mit einem Segelboot über den Atlantik zum UN-Klimagipfel fuhr.

Erst durch einen CO_2-Rechner kriegen unsere Konsumgewohnheiten einen Wert, im Sinne von Zahlen, die man dann in schmelzendes Eis oder einen steigenden Meeresspiegel umrechnen kann. »5,53 Tonnen CO_2 – das sind 16,5 Quadratmeter arktisches Eis, die meinetwegen geschmolzen sind«, schrieb einmal der Journalist Niels Boeing nach einer Tokioreise gequält, mit Bezug auf eine Studie in *Science*, die Emissionen auf septemberliches Meereis umrechnete.[276]

Doch etwas passt nicht so recht ins Bild. Der erste CO_2-Fußabdruck-Rechner, der 2004 ins Internet gestellt wurde, sollte kein Umweltbewusstsein wecken. Er hatte auch nicht ernsthaft zum Ziel, dem Klimawandel entgegenzuwirken. Er kam weder von Greenpeace noch vom Umweltbundesamt, sondern vom Ölkonzern BP (in Deutschland vor allem bekannt durch Aral). Einer der weltweit größten Verursacher von CO_2-Emissionen lancierte 2004 eine Website, auf der es hieß: »Berechne die Größe des CO_2-Fußabdrucks deines Haushalts, finde heraus, wie Du ihn reduzieren kannst, und wie wir unseren reduzieren.«[277] Daneben stand eine frühe Version des Rechners, wie es ihn später auch beim Umweltbundesamt geben sollte.

Welchen Zweck verfolgte BP damit? Manche sehen den Rechner schlicht als PR-Trick des Unternehmens, sich als verantwortungsbewusst darzustellen, aber letztlich die Verantwortung für den Klimawandel auf das Individuum abzuwälzen. So ähnlich wie es vierzig Jahre zuvor auch die Tabakindustrie gemacht hatte. »Was um alles in der Welt ist ein

CO_2-Fußabdruck? Jeder auf der Welt hat einen«, schrieb das Unternehmen damals, als das Konzept noch kaum jemand kannte,[278] und suggerierte damit, dass wir alle schuldig sind. Außerdem signalisierte der Ölriese: Wir tun etwas – aber ihr Konsumenten müsst es auch.

Zuvor hatte der Konzern bereits umgedeutet, wofür seine Initialen stünden, nicht mehr für *British Petroleum*, sondern unter anderem für *Beyond Petroleum* – also so etwas wie »über Erdöl hinaus«. BP wollte ein verantwortungsbewusstes, diverses Energieunternehmen werden. Weit über Erdöl hinaus kam man bis heute allerdings nicht. Die Herstellung von Solaranlagen wurde längst wieder eingestellt.[279]

Der Rechner aber wirkte. Er wurde von den unterschiedlichsten Medien aufgenommen und immer wieder adaptiert. Einer, der von der Idee eines solchen CO_2-Rechners ebenfalls angetan war, ist der Informatiker Stephan Schunkert. »Ich wollte etwas zum Spielen, aber auch zur Bewusstseinsbildung. Etwas, womit man sich die Frage stellt: Was ist mein Anteil am Klimawandel?«, erinnert sich Schunkert, wie er 2007 den deutschen CO_2-Rechner programmierte. Sein Unternehmen KlimAktiv erstellt CO_2-Bilanzen für Unternehmen und baut den CO_2-Rechner des Umweltbundesamts. Ein Hit-Produkt: Eine Million User hatte er im Fridays-for-Future-Jahr 2019, vier Millionen Bilanzen rechnete er bereits aus. Doch als Schunkert die erste Version programmierte, gab er noch als Zielwert eine einzige Tonne CO_2 pro Jahr vor. Von dieser »Magischen Tonne« sagte die Wissenschaft damals, dass sie noch vertretbar sei.

Doch selbst wer in eine enge WG in einem solargeheizten Niedrigenergiehaus mit Ökostrom zieht, nur noch Rad fährt, sich ausschließlich regional, saisonal, biologisch und vegan ernährt, sich wenig bewegt, sparsam und langlebig einkauft, nicht mehr in Hotels übernachtet und monatlich maximal

150 Euro für seinen Konsum ausgibt, verursacht immer noch drei Tonnen CO_2 pro Jahr. Schunkerts erster Rechner sagte also ständig: schlechter Mensch.

»Man kam einfach nicht auf die eine Tonne, so viel man auch an den Werten drehte«, sagt Schunkert. »Wir hatten so viele frustrierte User«, erinnert sich der Informatiker. »Ich hatte weinende Rentner am Telefon!«

Falls es das Ziel von BP war, Menschen mit CO_2-Rechnern auch noch zu demoralisieren, dann hatten sie es geschafft. Statt einen Zielwert vorzugeben, zeichnet Schunkerts Rechner heute ein persönliches CO_2-Szenario für die Zukunft.

Die Idee von einem individuellen Fußabdruck brachte nicht nur Rentner zum Weinen. Auf einer höheren Ebene trieb sie auch die Umweltbewegung auseinander. Sie steht für konträre Vorstellungen darüber, von wem Umweltschutz ausgehen muss, um wirklich einen Unterschied zu machen.

Laut in der Klimabewegung sind heute zum Beispiel linke Stimmen, die sagen, dass der Kampf gegen den Klimawandel nur gelingen kann, wenn man das Wirtschaftswachstum drosselt und Konsum reduziert, vor allem im Westen. Oxfam zum Beispiel, eine international tätige Organisation zur Bekämpfung von Armut, ermittelte in einer Studie den CO_2-Fußabdruck von Einkommensgruppen. Die Pro-Kopf-Emissionen des reichsten 1 Prozent der Weltbevölkerung sind demnach dreißigmal höher als das, was nötig ist, um das 1,5-Grad-Ziel des Pariser Klimaabkommens zu erreichen. Die reichsten 10 Prozent liegen um das Zehnfache drüber. Emissionen der globalen Mittelschicht dagegen sind nur zwei- bis dreimal höher als das Soll.[280] Solche Fußabdrücke nach Einkommen machen aus der individuellen Verantwortung auch noch eine der Klasse – und des Kapitalismus als übergeordnetem Wirtschafts- und Gesellschaftssystem.

Nicht alle in der Umweltbewegung teilen diese Sicht.

»Die Prämisse, dass Klimamaßnahmen Opfer erfordern, ist selbst zutiefst abwegig.« Dieser Satz kommt nicht etwa aus dem Parteiprogramm der FDP, er steht im Buch *Propagandaschlacht ums Klima* (Originaltitel: *The New Climate War*) des Klimatologen Michael Mann. Mann ist kein Geringerer als der Schöpfer der berühmten Hockeyschlägerkurve, die die Klimaerwärmung über die letzten Jahrhunderte beschreibt. Das nächste Kapitel handelt davon. Er ist einer der prominentesten Kämpfer gegen den Klimawandel, aber selbst mit der Kritik am Fliegen kann er nicht viel anfangen. »Ein Teil des Widerstands gegen Flugreisen scheint darin zu bestehen, dass es vor allem wohlhabende Menschen sind, die fliegen«, schreibt er. »Flugscham passt gut zu denen, die den Kapitalismus selbst als Feind sehen.«[281]

Airline-Emissionen stehen für Luxus, wahrscheinlich auch, weil es lange tatsächlich einer war und Airlines noch immer dieses Flair zu verbreiten versuchen. Fliegen zu verurteilen ist Kritik am gut situierten, gierigen Menschen.

Doch Mann meint, dass individuelle Opfer zu fordern, wie es linke Kritiker tun, nur eine »Ablenkungskampagne« sei, die letztlich den »Untätigkeitspredigern« in die Hände spiele.[282] »Individuelle Bemühungen, den eigenen CO_2-Fußabdruck zu reduzieren, sind lobenswert. Aber ohne einen Systemwandel werden wir die massive Dekarbonisierung unserer Wirtschaft nicht erreichen, die erforderlich ist, um einen katastrophalen Klimawandel abzuwenden«, schreibt er.[283] Die echte Klimalösung bestehe aus einer »Kombination aus Energieeffizienz, Elektrifizierung und Dekarbonisierung der Stromerzeugung« durch erneuerbare Energie.[284]

Alles andere – also insbesondere individuelle Entscheidungen, vom Lastenfahrrad bis zur vegetarischen Ernährung – ist nebensächlich. Und das gilt auch fürs Fliegen. Gerade einmal 2,4 Prozent der weltweiten CO_2-Emissionen entfallen auf den Flugverkehr (Abb. 22). Diese Zahl ist kein PR-Trick der Airline-Industrie, sie kommt vom IPCC, dem Weltklimarat, der höchsten Instanz für Klimafragen. Der »Klimakiller« Fliegen verursacht ungefähr so viele Emissionen wie Reis. Ja, Reis. Beim Reisanbau entsteht Methan, und das trägt 1 bis 2 Prozent zu den globalen Treibhausgas-Emissionen bei. Bevor nun aber jemand auch noch Reisscham entwickelt: Reis ist für drei Milliarden Menschen Grundnahrungsmittel und deckt ein Fünftel des weltweiten Kalorienbedarfs,[285] also weit mehr als 1 bis 2 Prozent. Und der Vollständigkeit halber sei auch gesagt, dass Fliegen aufgrund weiterer Emissionen und des Umstands, dass es sie in großer Höhe verursacht, insgesamt 4 Prozent zum Klimawandel beiträgt.[286] Es verursacht damit aber dennoch deutlicher weniger Treibhausgase als die Stromerzeugung (25 Prozent), der Straßenverkehr (10 Prozent) oder andere Industrien, die weit weniger Emotionen in öffentlichen Diskussionen provozieren.[287]

Fraglich ist auch, ob das Bild vom Fliegen als Luxus noch

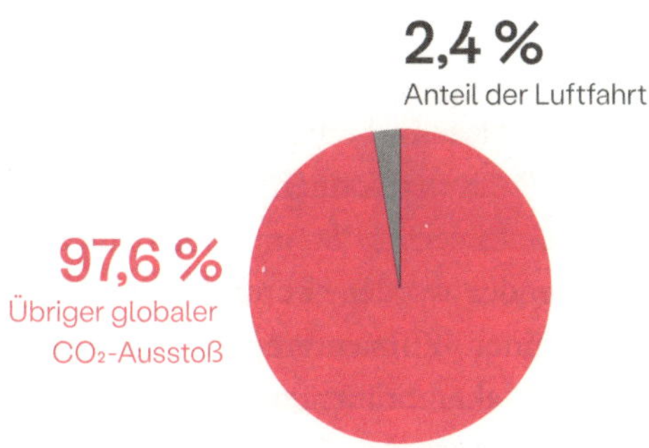

Abb. 22: Anteil der Luftfahrt an den weltweiten CO_2-Emissionen. Quelle: IPCC, 2015.

stimmt. Ich bin vielleicht ein schlechtes Beispiel, weil mein Heimatflughafen der BER ist. Aber ich glaube, man spricht doch für die meisten, wenn man sagt: Viel Freude macht das Fliegen längst nicht mehr. Niemand denkt sich noch: »Toll, Zeit am Flughafen verbringen!« Flugpassagiere sind nicht nur Touristen, die es sich gut gehen lassen. Es sind Geschäftsreisende, Wissenschaftler, Politikerinnen oder Leute, die ihre Familie oder Freunde besuchen. Menschen fliegen, weil sie müssen, um Beziehungen zu pflegen, Probleme zu lösen, die Welt zu verbessern – oder es zumindest versuchen.

Als wegen Corona nur noch das Nötigste erledigt werden sollte, hofften manche, dass das zu einem ökologischen Aufatmen führen würde. Doch obwohl kaum noch jemand freiwillig in ein Flugzeug stieg oder überhaupt steigen durfte, dürften sich die globalen Emissionen des Luftverkehrs 2020 lediglich halbiert haben.[288] Was für das Fliegen gilt, galt für andere Emissionen noch mehr. Das Lockdown-Jahr 2020 verursachte »den größten Rückgang globaler Emissionen aller Zeiten«: 5,8 Prozent.[289] CO_2 ist nicht der Kollateralschaden von Luxus, sondern von Leben.

Dabei zeigt sich gerade an der Luftfahrt, wie Klimaneutralität funktionieren könnte. Und zwar mit »Forschung, Wissenschaft, Innovationen und (…) vielen klugen Ideen der Menschen«, um diesmal tatsächlich aus dem Parteiprogramm der FDP zu zitieren.[290] Die 13 Tonnen CO_2 für einen Australienurlaub sind ja keineswegs in Stein gemeißelt. Flugzeuge können klimaschonender werden, durch leichtere und aerodynamischere Maschinen, effizientere Routen, schonendere Flughöhen. Vor allem aber bräuchten Flieger andere Treibstoffe beziehungsweise Antriebe: Biokraftstoffe aus Pflanzen oder tierischen Abfällen, die schon heute dem Kerosin beigemischt werden, synthetische E-Fuels wie Wasserstoff, die mit (erneuerbarem) Strom hergestellt werden, oder gar Batterie-Hybride.[291]

Zwar geht nicht einmal die Airline-Industrie davon aus, dass diese technischen Maßnahmen ausreichen werden, dass Fliegen bis 2050 emissionsfrei wird. Aber die restlichen Emissionen könnten immer noch mit Klimaschutzprojekten kompensiert werden. Ohne Zwang dürfte sie das zwar kaum tun, aber blicken wir zurück in die Geschichte, sehen wir eine Branche, die bereits ganz anderes geschafft hat. Noch 1811 stürzte der »Schneider von Ulm«, der eigentlich Albrecht Ludwig Berblinger hieß, mit seinem ersten Flugapparat in die Donau. 1891 gelangen Otto Lilienthal die ersten Gleitflüge. Dann ging alles sehr schnell: Der erste Zeppelin, die ersten Motorflüge, die ersten Junker-Maschinen aus Metall, die bereits in den 1920er Jahren ein Linienflugnetz über ganz Europa bedienten. 1970 transportierten Flugzeuge 300 Millionen Passagiere pro Jahr. Kurz vor der Corona-Pandemie waren es über vier Milliarden – und das mittlerweile auch noch weitgehend unfallfrei.[292] Warum also nicht auch klimaneutral?

Das heiße Ende des Hockeyschlägers

Im Grunde sind sich die Deutschen beim Klimawandel heute einig: Fast neun von zehn stimmen hierzulande der Aussage zu, dass der Mensch den Klimawandel beeinflusst. Die Hälfte glaubt, dass er hauptsächlich verantwortlich ist. Und die meisten glauben, dass das der Weltwirtschaft schaden und Menschen sogar vertreiben wird, etwa weil die Meeresspiegel steigen oder Regionen zu heiß zum Leben werden. In anderen Ländern sieht das Meinungsbild nicht viel anders aus.[293]

Dass so viele heute so denken, liegt auch an einem Kurvendiagramm. Es ist eines der berühmtesten und wichtigsten Diagramme unserer Zeit und war lange eines der am stärksten umkämpften: der *Hockey Stick* (Abb. 23). Die Kurve, deren Form an einen Hockey- oder vielmehr Eishockeyschläger erinnert, zeigt, wie außergewöhnlich warm die Temperaturen seit der Industrialisierung geworden sind. Wir sehen auf ihr, dass die Durchschnittstemperaturen der nördlichen Hemisphäre in den letzten tausend Jahren zwar immer schwanken, aber über viele Jahrhunderte hinweg sogar leicht sinken (das ist der Griff des Schlägers). Bis sie im 19. und 20. Jahrhundert plötzlich rasant steigen (das ist die stark abgebogene Schlagfläche).

Der Anstieg ist so steil, dass der ehemalige US-amerikanische Vize-Präsident Al Gore eine Hebebühne brauchte,

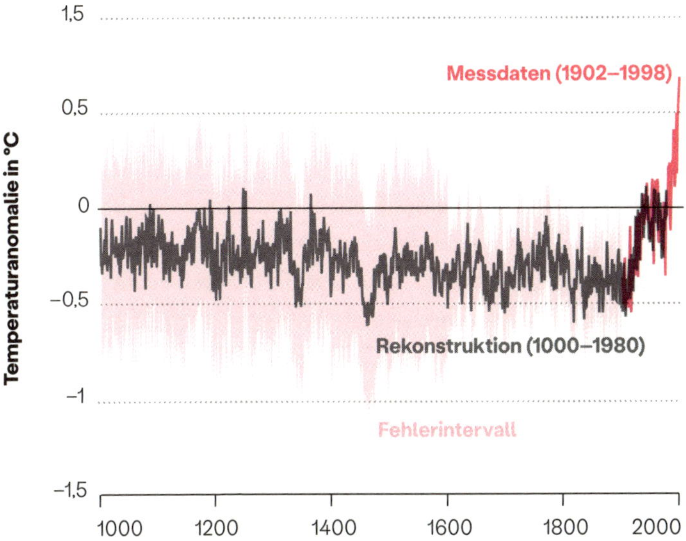

Abb. 23: Rekonstruktion der Durchschnittstemperaturen auf der Nordhalbkugel in den letzten 1000 Jahren. Quelle: Mann et. al., 1999.

um in seinem Film *Eine unbequeme Wahrheit* von 2006 an die Spitze der Kurve zu gelangen. Gores Kurve zeigte zwar nicht die Temperatur, sondern die CO_2-Konzentration in der Atmosphäre über die letzten Jahrtausende, aber das ist der Punkt: Die Kurven steigen beide in jüngster Zeit steil an. Gore wollte mit seiner Hebebühnenfahrt zeigen, dass wir uns in schwindelerregende und ungekannte klimatische Sphären begeben – und schnell umdenken sollten.

Eines vornweg: Ich will in diesem Kapitel nicht den Eindruck erwecken, der Klimawandel sei Ansichtssache, ein Kurvendiagramm, das man so oder so sehen kann. Dass es wärmer geworden ist in den letzten hundert Jahren und dass das Folge von Treibhausgasen wie CO_2 ist, die durch das Verbrennen fossiler Brennstoffe entstehen, daran besteht kein ernst zu nehmender Zweifel. Aber die Hockey-Stick-Kontroverse erzählt auch viel über die Geschichte der Klimaforschung – ihre Ursprünge, Methoden und Grenzen. Und sie erzählt viel über den politischen Umgang mit statistischen Modellen, was sie können und was nicht.

Als Gore 2006 auf seiner Hebebühne fuhr, hatte die Hockey-Stick-Kurve bereits einiges durchgestanden, wenn auch nicht ganz unbeschädigt. Sie hatte seit ihrer Erstveröffentlichung 1998 nicht nur wissenschaftliche Kontroversen überlebt, sondern auch Angriffe aus der US-Politik und eine rigorose Überprüfung durch die dortige Wissenschaftsakademie. Sie wurde damit, so die Medienwissenschaftlerin Birgit Schneider, zum »Kurvenbeweis« für den Klimawandel und zum zentralen Argument in der Klimadebatte.[294] Dennoch provozierte der *Hockey Stick* erbitterte Debatten, wurde als »Hoax« (Schwindel), »Illusion« oder »Quatsch« bezeichnet.

Der Klimatologe Michael Mann war Anfang dreißig und hatte gerade in Geologie und Geophysik promoviert, als er sich jenem Forschungsprojekt zuwandte, für das er berühmt werden sollte. Heute dominiert die Klimatologie den Umweltschutz und hat politisches Gewicht wie kaum eine andere Disziplin. Damals war sie ein Orchideenfach.

»Für einen ambitionierten jungen Physiker war Klimawissenschaft die große Weite des Westens«, schreibt Mann rückblickend. »Es gab noch große offene Fragen, zu denen ein junger Wissenschaftler mit Kenntnissen in Mathematik und Physik wesentliche Beiträge an der Spitze der Wissenschaft leisten konnte.«[295] Eine dieser Fragen war, wie warm es in den letzten tausend Jahren im Durchschnitt auf der Erde war – und welchen Einfluss der Mensch auf die jüngst steigenden Temperaturen hatte. Mann gehörte zu denen, die diese Frage historisch angehen wollten.

Dass durch das Verbrennen fossiler Energieträger auch die Temperaturen steigen, konnte man schon lange ahnen. Standardisierte Aufzeichnungen von Temperaturen gibt es zwar erst seit dem 19. Jahrhundert, aber bereits 1896 stellte der schwedische Physiker Svante Arrhenius die Theorie auf, dass gewisse Gase Wärmestrahlungen auf der Erde zurückhalten. Sorgen machte er sich deshalb allerdings keine. Er dachte sogar, der Effekt auf das Klima werde hilfreich sein, weil es die Ernten fördern könnte. Immerhin war eine Sorge jener Zeit die wachsende Weltbevölkerung, und wie sie ernährt werden sollte (nicht ganz zu Unrecht, denn die große Revolution im Ackerbau durch künstlichen Dünger ließ noch bis zur zweiten Hälfte des 20. Jahrhunderts auf sich warten). Viel Hoffnung machte man sich allerdings nicht bezüglich der Ernten. Man ging davon aus, dass die Meere das gute Treibhausgas absorbierten. Es sollte nach Arrhenius' Theorie noch einmal über ein halbes Jahrhundert dauern, bis der US-amerikanische Klimaforscher Charles David Keeling 1958 zeigen konnte, dass das nicht der Fall war. Und bereits in den sechziger Jahren erschienen erste Warnungen, dass dies zum Problem werden könnte.

Ein wirkliches Gefahrenbewusstsein entwickelte sich jedoch erst Ende der achtziger, Anfang der neunziger Jahre mit den ersten Klimakonferenzen.[296] 1981 hatte eine Studie in der renommierten Wissenschaftszeitschrift *Science* gewarnt, dass die Temperaturen fortan den Raum natürlicher Schwankungen verlassen und immer steiler aufwärts gehen würden. Schon für die achtziger Jahre gebe es »eine hohe Wahrscheinlichkeit für Erwärmung«. So traf es auch ein.[297]

Die Frage, ob solche Schwankungen historisch einzigartig sind, lag also nahe. Nicht nur Spuren in der Natur, auch Historien und Gemälde erzählen bekanntlich immer wieder von Eiszeiten und Wärmephasen. Berühmt ist zum Beispiel die mittelalterliche Kleine Eiszeit, verewigt in den Winterbildern von Pieter Bruegel dem Älteren im 16. Jahrhundert. Einzelne Studien über diese Phasen gab es bereits, was aber in den neunziger Jahren fehlte, war eine Kurve für das große Ganze, eine Studie, die tausend Jahre auf eine Linie brachte.

Mann und sein Team machten das, was man immer macht, wenn man unbekannte Daten – in diesem Fall die Durchschnittstemperaturen der letzten Jahrhunderte – zu erschließen versucht: Sie bauten ein statistisches Modell. Man nimmt dazu die Daten, die man hat (zum Beispiel Temperaturen bis zurück ins 19. Jahrhundert sowie Aufzeichnungen von Baumringen, die noch viel weiter zurückreichen), und teilt sie in zwei Gruppen. Die eine Hälfte der Daten legt man erst einmal zur Seite; die braucht man erst später, um das Modell zu testen. Mit der anderen Hälfte – den Trainingsdaten – versucht man statistisch möglichst präzise zu beschreiben, wie sie zusammenhängen, also zum Beispiel Baumring-Breiten und Temperatur. Wenn man glaubt, die richtige Beziehung gefunden zu haben (wir sprechen hier von Hunderten Zeilen Programmiercode), nimmt man den zweiten Datensatz mit Baumringen und Temperaturen zur Hand. Kann das Modell die bereits bekannten Temperaturen ausreichend gut berechnen, lässt man es auch über die Baumringdaten aus früheren Zeiten laufen.

Mann und sein Team arbeiteten aber nicht nur mit Baumringen, sondern mit einem ganzen Netzwerk von Daten aus 112 Quellen. Das meiste davon waren Baumringe, aber auch Eisbohrungen, Korallen und sogar ein altes englisches Temperaturregister waren dabei. Es waren so viele Quellen wie noch nie in einer historischen Klimarekonstruktion.

Diese Daten mussten zusammengefasst und gewichtet werden, man musste Gruppen und Durchschnitte bilden. Am Ende ließ man alle Daten durch das Modell laufen und heraus kamen die Durchschnittstemperaturen – und bildeten den ominösen zittrigen Eishockeyschläger: eine zwar immer ein wenig auf und ab gehende, aber insgesamt lange, gerade Linie mit einem plötzlichen, starken Anstieg im 20. Jahrhundert.

Nature veröffentlichte die Studie von Mann und seinen Co-Autoren Raymond Bradley und Malcolm Hughes 1998, und zwar gleich zum »Earth Day«, um ihr nicht nur wissenschaftliches, sondern auch mediales Gewicht zu verleihen. Hier war sie, die Kurve, die zeigt, dass die aktuelle Erderwärmung historisch einzigartig ist, ein Ausschlag sondergleichen.

Politisches Gewicht erhielt die Hockeyschläger-Kurve, als sie 2001 auch in den IPCC-Bericht übernommen wurde, den Sachstandsbericht des Weltklimarats. Sie war zwar mittlerweile nicht mehr die einzige, die zur Auswahl stand, aber sie war die deutlichste. Die Kurven waren auch nur einer von vielen neuen Belegen für den menschengemachten Klimawandel. Klaus Hasselmann, ehemaliger Direktor am Max-Planck-Institut für Meteorologie in Hamburg und Nobelpreisträger für Physik im Jahr 2021, konnte zur etwa gleichen Zeit mit Klimasimulationen zeigen, dass sich der Anstieg der Temperatur im 20. Jahrhundert nur mit dem Faktor CO_2 erklären lässt (gegenüber historischen Temperaturrekonstruktionen war er eher skeptisch).[298]

Der *Hockey Stick* jedoch war »überzeugender für Laien, im Gegensatz zu der eher abstrakten statistischen Arbeit hinter wichtigsten Ergebnissen des vergangenen Berichts«, wie Mann im Rückblick schreibt.[299] »Die Kurve erlangte in der Klimadebatte einen gewissen Kultstatus, weil sie auf einfache Weise darstellt, dass eine beispiellose von Menschen verursachte Erwärmung des Planeten stattfindet, indem wir fossile Brennstoffe verbrennen und Treibhausgase in die Atmosphäre pumpen.«[300]

Doch diese größte Stärke – die »einfache Geschichte« des Hockeyschlägers, wie Mann es nennt – wurde auf einmal zur größten Schwäche. Zu Beginn der Nullerjahre sollte das 1997 beschlossene Kyoto-Protokoll ratifiziert werden. Damit hatten die Erkenntnisse aus der bislang unscheinbaren Klimaforschung plötzlich gewaltige politische Konsequenzen, vor allem für Erdölkonzerne. Ihre Produkte verursachten einen potenziell enormen Schaden. Wie einst die Zigarettenhersteller setzten auch sie sich zur Wehr. Und ihr Ziel war naheliegend: Mann und sein Hockeyschläger.

Zum hartnäckigsten Kritiker avancierte ein pensionierter Statistiker namens Steven McIntyre, der einst für die Erdöl- und Gasbranche Gutachten auf ihre Plausibilität geprüft hatte. In Blog-Beiträgen und Papern versuchten er und seine Mitstreiter zu zeigen, dass die Berechnungen des Hockeyschlägers nicht solide sind. Ihr Tenor: Der Stiel des Schlägers sei zu flach. In Wirklichkeit schwankten die Temperaturen im Mittelalter viel mehr. Was sie damit implizierten: Temperaturschwankungen seien normal.

Auch aus der Klimawissenschaft kam Gegenwind. Der Klimatologe Hans von Storch und sein Kollege Eduardo Zorita kritisierten Manns Arbeit. Sie bestritten nicht den Anstieg der Temperaturen in den letzten hundert Jahren und zweifelten nicht daran, dass diese menschengemacht seien. Aber als sie Manns Methode mit künstlichen Daten in ihren eigenen Simulationen testeten, kamen auch sie für das Mittelalter auf sehr viel größere Schwankungen. »Wir fanden heraus, dass Manns Methode nicht sehr gut war, weil sie eine flache Kurve generierte«, sagt Zorita, der am Helmholtz-Zentrum Hereon zu Klimaextremen forscht, im Gespräch.

Doch für solche Ambivalenzen war kein Platz mehr. Im »Klimakrieg« (Zitat Mann) zwischen der Ölindustrie, die mit harten Bandagen kämpfte, und der Hockeyschlägerfraktion gab es bald nur noch Warner und Leugner. »Wir hatten die statistischen Methoden kritisiert und hatten Glück, dass unsere Kritik veröffentlicht wurde. Beim *Hockey Stick* wurden viele Artikel von den Journals abgelehnt, etwa von Wissenschaftlern, die sich mit Baumringen beschäftigen und die Daten kritisiert hatten«, erinnert sich Zorita. Es habe ihn geärgert, wie polarisiert die Debatte wurde. Zorita kennt Manns Studie sehr gut. Er wurde im Streit um die Kurve von *Science* als eine Art Schiedsrichter herangezogen.

In der Öffentlichkeit hatte Manns Hockeyschläger zur Folge, dass man, statt über die Zukunft zu diskutieren, darüber zu streiten begann, wie kalt es in der mittelalterlichen Eiszeit war, und ob es vor tausend Jahren schon mal wärmer war als heute. »Dass 1998 das wärmste Jahr im Millennium gewesen sei, das war griffig. Jeder in der Öffentlichkeit verstand das. Aber das alleine sagte wenig über den Einfluss von CO_2«, sagt Zorita. Dabei sei doch viel wichtiger, was in der Zukunft passiert. »Ich glaube, es war ein Fehler des IPCC, den *Hockey Stick* so sehr herauszustellen.«

Tatsächlich rückte der Hockeyschläger in der Klimabewegung in den Hintergrund. Viel häufiger sieht man heute die sogenanten *Climate Stripes* oder »Klimastreifen«, die von blau nach rot verlaufen und während der ersten Fridays-for-Future-Proteste in den Sozialen Medien populär wurden. Man sieht sie im Logo der Scientists for Future oder in Profilbildern von Klimaaktivisten, auf Mund-Nasen-Masken und sogar auf Flip-Flops. Sie sind einfach die Kelle des Schlägers, beschränken sich also auf das Wesentliche: den Anstieg der Temperatur.

Und die politische Gegenseite? Diskussionen um das Klima im Mittelalter werden inzwischen kaum noch geführt. Stattdessen gibt es heute so etwas wie den umgedrehten *Hockey Stick*. Der Schläger des gegnerischen Teams, könnte man auch sagen. Denn Leute wie der Däne Bjørn Lomborg, Gründer des Thinktanks Copenhagen Consensus Center, bestreiten nicht, dass es einen menschengemachten Klimawandel gibt und dass er negative Konsequenzen haben wird. Aber seine Folgen seien, so Lomborg, »klein im Vergleich zum Fortschritt, den wir bislang gemacht haben und noch machen werden«.[301] Lomborg wirft die Frage auf, bis zu welchem Grad (sprichwörtlich) es sich lohnt, Emissionen zu senken und mit welchen Konsequenzen wir leben müssen – und auch gut leben können.

Schauen wir beispielsweise auf die Entwicklung von Schäden durch Umweltkatastrophen, sehen wir in den letzten hundert Jahren gewaltigen Fortschritte, in Form eines umgekehrten Hockeyschlägers (Abb. 24). Die Zahl der Todesopfer

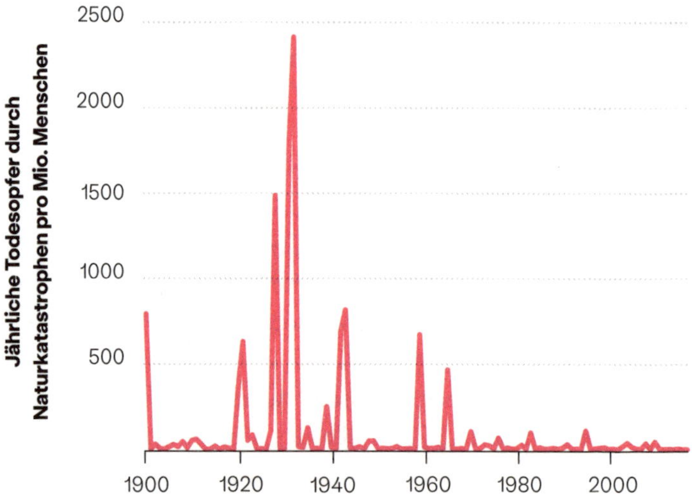

Abb. 24: Todesopfer infolge von Naturkatastrophen wie Überschwemmungen, Dürren, Stürme, Waldbrände oder Extremtemperaturen. Quelle: The Emergency Events Database via Gapminder.

infolge von Überschwemmungen, Dürren, Stürmen, Waldbränden oder Extremtemperaturen ist heute weltweit nur noch ein Bruchteil der Zahl zu Beginn des Jahrhunderts.[302] In den 1920er Jahren waren es fast eine halbe Million Menschen pro Jahr. Heute ist es nur noch ein Bruchteil. Auch bei wetterbedingten Schäden in den letzten dreißig Jahren lässt sich, trotz steigender Temperaturen, kaum ein Trend feststellen. Überhaupt betragen Umweltschäden nur eine Kommastelle des globalen BIP.[303]

Nun haben wir im Kapitel »Be(un)ruhigende Zahlen« über die Entwicklung von Gewalt und Kriegen gesehen, dass man vorsichtig sein muss, wenn man Optimismus aus historischen Daten ableitet. Das Klima ist ein komplexes System, und seine Veränderungen können unerwartete Folgen nach sich ziehen. Dass Waldbrände, Dürren, Stürme, Fluten und Hitzerekorde auch in Zukunft häufiger werden, davon ist auszugehen (wie viel tödlicher und teurer sie werden, ist eine andere Frage). Möglich ist, dass wir auf irreversible Kipppunkte zusteuern, etwa wenn der westantarktische Eisschild – ein Teil der Antarktis, der auf Fels liegt und sich schneller erwärmt – schmilzt und allein den Meeresspiegel um drei Meter anhebt.[304]

Doch selbst so etwas wie der Meeresspiegel und sein Einfluss auf uns Menschen – ein zentrales Thema in der Klimadebatte – ist schwer zu prognostizieren. Dass er steigt, ist unbestritten. Aber: »Meeranstieg wird 2050 noch mehr Städte auslöschen, zeigt neue Forschung«, titelte jüngst die *New York Times*.[305] 150 Millionen Menschen würden heute unterhalb des Meeresspiegels von 2050 leben. Alle großen Küstenstädte seien bedroht, und manche würden ausgelöscht, hieß es mit Bezug auf eine neue Berechnung. Dreimal mehr Menschen als bislang gedacht seien betroffen, so die Studie, die in der renommierten Fachzeitschrift *Nature Communications* erschienen war.[306] Die darin enthaltenen Karten der überfluteten Städte gingen über die Sozialen Medien um die ganze Welt. Ho-Chi-Minh-Stadt, Bangkok, Shanghai, Mumbai, Alexandria, Basra, alle geflutet. Es war eine der zehn medial meistzitierten Studien im Jahr 2019.[307]

Abschließend möchte ich auf diese Studie jedoch aus einem anderen Grund eingehen, denn sie ist nicht untypisch für viele globale Studien, die heute mithilfe von Satellitendaten und Künstlicher Intelligenz – einem Teilgebiet der Statistik – angefertigt werden und oft für Furore sorgen, aber auch sehr problematisch sein können.

Will man wissen, wie sich eine Erhöhung des Meeresspiegels global auswirkt, muss man zuerst einmal wissen, wie hoch das bedrohte Land über dem Meeresspiegel liegt. Selbst für Städte weiß die Wissenschaft das oft nicht, denn nicht alle Staaten geben diese Daten preis. Forscherinnen und Forscher nutzen also Satellitendaten, die allerdings Messfehler von ein paar Metern enthalten können, weil zum Beispiel Häuser oder Bäume die Genauigkeit der Messungen stören. Die Studie zu den überfluteten Städten – beziehungsweise ihre Vorgängerstudie – versuchte lediglich, diese Fehler zu korrigieren. Wissenschaftler der gemeinnützigen Organisation Climate Central aus Princeton bauten dafür ein statistisches Modell, so ähnlich, wie es auch Mann getan hatte, allerdings nutzten sie dafür eine Künstliche Intelligenz. Ihre Höhendaten, um das Modell zu trainieren, kamen aus Florida, wo staatliche Stellen diese Daten veröffentlichen. Getestet wurde das Modell dann mit Höhendaten aus Australien. Der Test lief offenbar gut. Das an Florida trainierte Modell konnte die Messfehler in Australien – wo man die echten Daten ebenfalls hatte – zuverlässig bestimmen. Also ließ man das Modell über die ganze Welt laufen – und die Städte versanken reihenweise unter Wasser, weil das Modell ihre Höhenangaben nach unten korrigierte.

Die Methode erhielt Lob aus der Fachwelt. Sie machte die Satellitendaten besser. Doch gilt ein an US-amerikanischen und australischen Daten trainiertes Modell auch für Indien? Raj Bhagat Palanichamy, Geodaten-Analyst in der indischen Dependance des angesehenen World Resources Institute, sah das kritisch. So erscheint etwa der Flughafen von Kolkata als gefährdet, obwohl er sieben Meter über dem Meer liegt. Das Modell hatte sich womöglich verschätzt, weil »in den USA und Indien die Gebäude in Gebieten mit vergleichbarer Bevölkerungsdichte nicht gleich hoch« seien, vermutete Palanichamy, als ich ihm schrieb.[308] Er war wenig amüsiert darüber, dass eine Studie so leichtfertig indische Städte flutete, die womöglich gar nicht gefährdet waren.

In der Berichterstattung der *New York Times* hieß es, dass 150 Millionen Menschen auf Land lebten, das künftig »unter Wasser« sein würde. Das klang nach einer biblischen Flut und erzeugte Angst und Schrecken. Experten waren allerdings wenig überzeugt von dieser Berechnung, denn die Studie ignorierte schlicht, dass Menschen Dämme bauen.[309] Bereits heute leben 110 Millionen Menschen »unter Wasser«. Ein »Triumph von Genialität und Anpassung« an eine sich ständig verändernde Welt, wie es Lomborg formuliert.[310]

Mit ähnlichen Problemen kämpfte eine Blockbuster-Studie der ETH Zürich aus demselben Jahr. Auf ähnliche Weise kalkulierte sie, dass auf der Welt genügend Platz für neue Bäume sei, um zwei Drittel der bislang menschengemachten CO_2-Emissionen binden zu können. Damit sei Aufforstung, so die Studie, das effektivste Mittel gegen den Klimawandel. Nach massiver Kritik aus der Fachwelt mussten die Autoren die Schlussfolgerung zurückziehen. Die Forschungsgruppe, eng verbunden mit einer deutschen Baumpflanzorganisation, hatte in ihrer Studie auch Gebiete für potenzielle Aufforstungsflächen ausgewiesen, die durch Anpflanzungen nur zerstört würden, etwa weil es sich um ökologisch wertvolles Grasland handelt. Oder schlicht und einfach, weil dort Menschen leben.[311]

Statistische Modelle sind unheimlich wertvoll. Sie können Unsichtbares sichtbar machen. Aber sie stecken voller Annahmen und mitunter auch Werturteilen. Manchmal projizieren sie statistische Werte aus dem Westen auf die ganze Welt, die nicht auf lokale Begebenheiten passen. Manchmal erlangen sie Prominenz, weil sie in politische Narrative passen oder Wunschvorstellungen erfüllen. Dann verschwinden Temperaturschwankungen im Mittelalter, Städte im globalen Süden oder Grasland im Süden Afrikas. Im dümmsten Fall zeigt uns ein Modell einfach das, was wir sehen wollen.

Eine Wende bei der Energie?

Der Name klingt so langweilig wie dritte Lektion Physikunterricht: Energiewende. Doch dahinter steckt ein gigantisches Projekt. Ab 2045 soll sich Deutschland größtenteils klimaneutral durch erneuerbare Energien versorgen. Heizen mit Wärmepumpen statt Gas, Auto fahren mit sauberem Strom statt Sprit, Lastwagentransporte mit grünem Wasserstoff statt Diesel. Nur wenige politische Vorhaben genießen so viel Zustimmung. Für viele ist die Energiewende mehr als nur ein notwendiger Schritt im Kampf gegen den Klimawandel. Sie ist Teil einer neuen grünen deutschen Identität. Ein Vorhaben, mit dem Deutschland der Welt zeigen will, wie man dank Ingenieurskunst selbst eine Industrienation emissionsfrei antreiben kann.

Die Welt jedenfalls schaut gespannt zu, auch deshalb, weil die Ausgangslage schwieriger kaum sein könnte. Ein Land wie Norwegen mag sich zwar bereits heute zu 75 Prozent mit erneuerbarer Energie versorgen.[312] Aber Norwegen hat es leicht. Wenig Einwohner (so viele wie Berlin und Brandenburg), kaum Schwerindustrie und endlos Berge für Stauseen. Das viele Gas und Öl, das Norwegen fördert, geht in den Export. Schlecht fürs Klima, aber gut für die norwegische Klimabilanz. Deutschland dagegen hat von allem wenig: wenig Berge für

Stauseen, wenig Meer für Offshore-Windparks und nicht übertrieben viel Sonne für Solaranlagen. Der Energieverbrauch von Auto-, Stahl- und chemischer Industrie ist hoch. Wenn also Deutschland die Energiewende schafft, schaffen es alle.

Als die Grünen unter SPD-Kanzler Gerhard Schröder ab 1998 mit in der Regierung saßen, wurden noch in den neunziger Jahren Gesetze auf den Weg gebracht, um die Energiewende zu verwirklichen. Entscheidender Schritt war 2000 das Erneuerbare-Energien-Gesetz (EEG). Der Klimawandel war nur einer der Gründe dafür. Fossile Energieträger wie Gas und Öl sind nicht unendlich. Sie machen abhängig von Ländern wie Russland oder Saudi-Arabien, von denen man nicht abhängig sein will. Wie aber steht es zwei Jahrzehnte später um das 1-Billion-Euro-Projekt?[313] Wie grün ist unsere Energie heute?

Ich muss gestehen: Wenn ich als Datenjournalist ein neues Thema recherchiere, gebe ich es oft einfach in die Google-Bildersuche ein, gefolgt von dem Wort »Statistik«. Die Suche führt einen meist schnell zu den relevanten Diagrammen und Daten, die für einen ersten Überblick reichen. Aber googelt man »Erneuerbare Energien Statistik«, stößt man ständig auf Diagramme, die den Anteil erneuerbarer Energien am Stromverbrauch zeigen. Die Ur-Version (Abb. 25) ist vom Umweltbundesamt, das auch die Daten erhebt. Das Diagramm taucht in unterschiedlicher Ausführung überall auf, ob in der Presse, in Präsentationen, Broschüren oder auf der Website von Ministerien. Es ist eine Art Fortschrittsbalken der Energiewende. Und es zeigt – vor allem in Hinblick auf den immer wichtiger werdenden Strombereich, man denke nur an die zig Millionen E-Autos und Wärmepumpen der Zukunft – eine seit den Nullerjahren steil steigende Kurve. Eine Erfolgsgeschichte.

Aber das war nicht die Statistik, die ich suchte, als ich »Erneuerbare Energien Statistik« eintippte. Denn das Diagramm

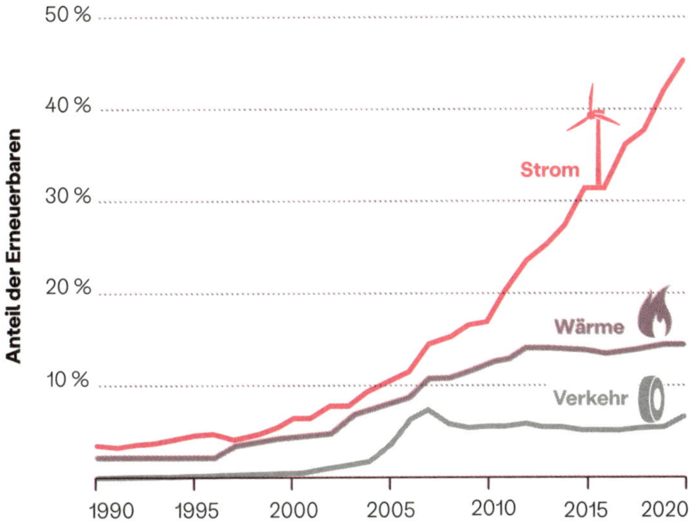

Abb. 25: Anteil der erneuerbaren Energien in den Sektoren Strom, Wärme und Verkehr (Biokraftstoffe und Ökostrom). Quelle: Umweltbundesamt.

zeigt nicht den Energieverbrauch, sondern den Anteil der Erneuerbaren in einzelnen Sektoren. Die meisten Adaptionen des Diagramms zeigen sogar nur den Strom. Womöglich weil die Erfolgskurve dort eben noch erfolgreicher aussieht. Aber als Betrachter weiß man ja nicht, welchen Anteil Strom am gesamten Energieverbrauch hat. Ganz zu schweigen davon, wie viel Strom in Zukunft gebraucht wird, wenn alle Autos Elektromobile sein sollten. Sind 45 Prozent Strom aus Wasser, Sonne, Wind und Biomasse wirklich Grund für Optimismus? Um das beantworten und den aktuellen Stand der Energiewende beurteilen zu können, bräuchte man die Entwicklung des gesamten Energieverbrauchs.

Das Umweltbundesamt im sachsen-anhaltinischen Dessau-Roßlau ist in einem Neubau untergebracht, der aus jedem Winkel Energiewende schreit. Das Dach ist verglast oder mit

Sonnenkollektoren belegt, so wie es am besten jedes deutsche Dach sein sollte. Gebaut wurde mit viel Holz (Beton ist sehr CO_2-intensiv). Unter dem Amt befindet sich der größte Erdwärmetauscher der Welt, mehr als fünf Kilometer lang. Wärmepumpen, die Wärme aus dem Boden, Grundwasser oder der Luft in Raumwärme umwandeln, sind für die Energiewende zentral.[314] Das Gebäude trägt das »Deutsche Gütesiegel für nachhaltiges Bauen« – selbstverständlich in Gold. Fast tausend Beschäftigte arbeiten hier. Darunter auch ein Team von acht Leuten um Michael Memmler, das Jahr für Jahr berechnet, wie viel erneuerbare Energie Deutschland verbraucht und woher sie kommt.

Noch vor zwanzig Jahren war die Berechnung der Energieerzeugung einfach. Die Welt war überschaubar. Strom kam aus Kohle- und Atomkraftwerken, Benzin und Heizöl aus den Raffinerien. Summierte man ihre Produktion, hatte man die deutsche Energiebilanz. Aber als man begann, alternative Energiequellen zu erschließen, erste Solaranlagen und Windräder entwickelte, um den großen Kraftwerken etwas entgegenzusetzen, wurde es kompliziert. »Die Statistiken der Energieerzeugerverbände hatte zunehmend Probleme, alle diese vielen kleinen Quellen zu erfassen«, sagt Memmler. Statt ein paar Hundert große gab es in Deutschland bald Hunderttausende große und kleine Kraftwerke. Jede Solaranlage und jedes Windrad ist ein kleines.

Die Energieerzeugung der meisten dieser neuen Quellen lässt sich nur noch indirekt messen. Der Verbrauch von Holzpellets beispielsweise wird über repräsentative Befragungen von 10 000 Haushalten ermittelt. Die Solarenergie schätzt das Team anhand der Absatzzahlen von Solarkollektoren, ihrer Lebensdauer und der Daten des Deutschen Wetterdienstes. Warum aber, frage ich Memmler, bekomme ich beim Googeln von erneuerbaren Energien immer nur die Daten zur Stromversorgung angezeigt? Sind die allein überhaupt relevant?

»Die energiepolitische Diskussion in Deutschland ist in der Tat sehr stromlastig«, sagt Memmler. »Strom ist natürlich der Schlüssel für eine CO_2-neutrale Energieversorgung. Es wird in der Öffentlichkeit aber tatsächlich gern vergessen, dass es noch die großen Bereiche Wärme und Verkehr gibt, mit Dreiviertel des Energieverbrauchs«, sagt er.

Welche Daten seiner Energiestatistik in den Vordergrund gerückt werden, auf welche Kurven die Aufmerksamkeit gelenkt wird, ob auf Strom, Wärme oder Verkehr oder alles zusammen, liegt außerhalb der Kontrolle des Statistikers. Es ist eine Entscheidung von Politik, Wirtschaft und allen, die solche Zahlen kommunizieren. Das Diagramm bildet ab, was am Ende an Energie in den Haushalten und Unternehmen an-

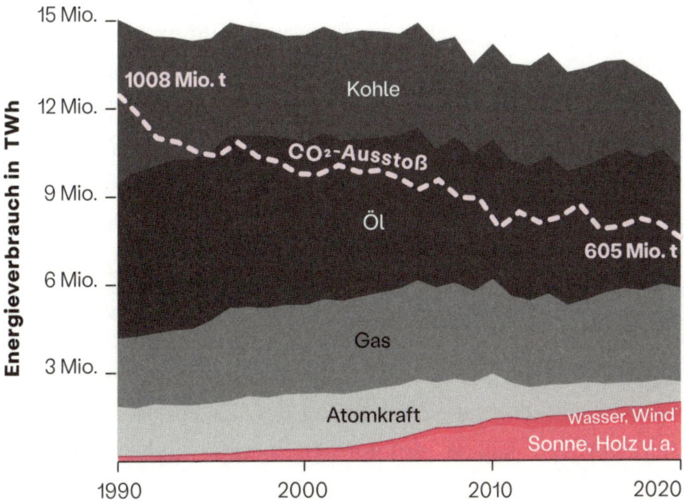

Abb. 26: Energieverbrauch nach Energieträgern in Deutschland.
Pink: Erneuerbare. Quelle: Bundesministerium für Wirtschaft und Energie.

kommt und wie viel davon erneuerbar ist. Blicken wir aber auf die Energieerzeugung, sieht das Bild ganz anders aus. Auch diese Daten werden vom Bundesministerium für Wirtschaft und Energie publiziert, aber sie sind weder schön aufbereitet, noch kommen sie prominent in Präsentationen und Broschüren zu erneuerbaren Energien vor. Aber sie sind sehr interessant. Denn sie erzählen die Geschichte der Energiewende völlig anders (Abb. 26).

Wie klein der Anteil der erneuerbaren Energien am gesamten Energieverbrauch immer noch ist und wie wenig er zugenommen hat, sehen wir erst auf dieser Grafik. Erst sie zeigt, was für ein monströses Vorhaben die Energiewende ist. Sie zeigt auch, dass der gesamte Energieverbrauch in Deutschland nur wenig zurückgegangen ist in den letzten zwanzig Jahren. Ziel ist, dass er sich bis 2050 gegenüber den Höchstpunkten Mitte / Ende der Nullerjahre halbiert.

Auch zeigt die Grafik, dass es sich bei erneuerbarer Energie keineswegs nur um Solaranlagen, Windräder und Wasserkraft handelt. Das zumindest sind die Bilder, die die Google-Bildersuche zum Stichwort »Erneuerbare Energien« liefert. Zu den Erneuerbaren gehört auch Bioenergie, also Energie aus Abfällen oder nachwachsenden Rohstoffen wie Raps oder Holz (Holz zu verbrennen ist CO_2-neutral, sofern der Wald nachwächst). In Wirklichkeit ist Biomasse der wichtigste erneuerbare Energieträger.[315]

Ich habe aber noch zusätzlich die Entwicklung des CO_2-Ausstoßes in die Grafik eingezeichnet. Diesen zu verfolgen ist kurios. Denn markant zurück ging der CO_2-Ausstoß bereits in den neunziger Jahren, also vor der Energiewende. Woran das lag?

»Grund für den Rückgang der Emissionen war der Niedergang der Schwerindustrie in Ostdeutschland und die Modernisierung von Anlagen, aber auch der Umstieg von Öl- auf Gas-Heizungen in ganz Deutschland«, so Memmler. Das brachte in den neunziger Jahren die größte CO_2-Reduktion in Deutschland mit sich. Seither sind die Gründe für den Rückgang komplizierter.

Die erneuerbaren Energien, die hinzugekommen sind, sind effektiver, weil sie statistisch keine Energie verlieren (man nimmt bei einem Windrad an, dass die Leistung, die rauskommt auch die ist, die reingeht). So geht der Energiebedarf zurück, ohne dass sich am Energieverbrauch konsumentenseitig viel verändert hat. Und derart könnte es, je nach Szenario, bis 2050 weitergehen.[316] Weil beispielsweise ein Elektromotor deutlich effektiver ist als ein Verbrenner, kann der Energiebedarf des Verkehrs sinken, ohne dass sich etwas am Reiseverhalten der Menschen ändert.

Was aber haben all die neuen Windräder, Solaranlagen, Biokraftwerke und Milliardeninvestitionen, die zu den höchsten Strompreisen in ganz Europa geführt haben, nun zum Rückgang der CO_2-Emissionen beigetragen? Die Antwort ist: überraschend wenig. Gerade mal von rund 850 Millionen Tonnen CO_2 im Energiewendegeburtsjahr 2000 auf etwas über 680 Millionen Tonnen im letzten Jahr vor Corona ist der CO_2-Ausstoß zurückgegangen. Und dabei befinden wir uns derzeit noch in der Phase der Energiewende, in der Effizienzsteigerungen relativ einfach sind.

»Wir schauen auf die falsche Kurve«, protestiert Joachim Weimann, Professor für Volkswirtschaftslehre an der Otto-von-Guericke-Universität Magdeburg und einer der energischsten Kritiker der Energiewende: »Das Ziel ist ja nicht, den Anteil der Erneuerbaren zu erhöhen, sondern CO_2 einzusparen. Die Entwicklung der CO_2-Emissionen müsste im Mittelpunkt stehen!« Weimann gehört zu denen, die finden, dass der Staat nicht bestimmte Technologien wie Windkraft oder Solaranlagen fördern sollte. Er sollte Ziele definieren, wie viel CO_2 reduziert werden muss, und Bedingungen schaffen, dass entsprechende Technologien entstehen können – egal welche. »Die Energiewende-Grafik suggeriert, dass es keine Alternativen außer Wind und Sonne gibt«, so Weimann. »Dabei gibt es Millionen Möglichkeiten, CO_2 einzusparen, beispielsweise durch verbesserte Effizienz. Die größte Einsparung war die Substitution von Öl durch Gas.«

Verteidiger der Energiewende argumentieren, dass Deutschland mit der staatlichen Förderung von Wind- und Sonnenenergie den heutigen globalen Boom dieser Technologien angeschoben und dafür gesorgt hat, dass die Solarenergie immer effizienter und billiger wird. Kritiker hingegen sehen in Wind und Sonne Energieträger, die mehr mit romantischen grünen Wünschen nach einer Sonnenblumenrepublik zu tun haben als damit, eine Industrienation weltweit wettbewerbsfähig zu halten. Am deutlichsten zeigt sich dieser Konflikt bei einem Thema, mit dem – oder besser gegen das – die Grünen in Deutschland groß geworden sind: Atomkraft.

»Bei Atomstrom denkt jeder an die Atomkraftwerke aus dem letzten Jahrhundert«, sagt Weimann. »Aber können wir Atomenergie so konstruieren, dass sie sicher ist und keinen Müll produziert? In anderen Ländern wird an diesen Fragen geforscht. Aber in Deutschland mit seinen Denk- und Forschungsverboten werden diese Durchbrüche nicht passieren.«

Warum Atomkraft im Zusammenhang mit der Energiewende nur ungern diskutiert wird, sieht man ebenfalls sehr leicht auf der zweiten Grafik (Abb. 26). Ich habe die Energieträger so sortiert, damit das Problem deutlich zur Geltung kommt: Die erneuerbaren Energien haben bislang zu einem großen Teil einfach den Atomausstieg kompensiert.[317]

»Liebes Deutschland, bitte lass die Kernkraftwerke am Netz«, baten im Oktober 2021 in einem Offenen Brief fünfundzwanzig Wissenschaftlerinnen und Journalisten wie der prominente britische Umweltjournalist George Monbiot, eine wichtige Stimme in der Klimabewegung. »Der Elefant im Raum ist, dass Deutschland die Kohlenstoffemissionen seines Energiesystems dadurch erhöht, indem es aus der Kernenergie aussteigt«, heißt es in dem Brief, den die *Welt* veröffentlichte. Die Energielücken, die die Kernkraftwerke hinterlassen werden, würden in Deutschland voraussichtlich von fossilen Kraftwerken geschlossen.[318] Deutschland, sagen auch andere internationale Kritiker, sei hier alles andere als ein Vorbild. Die Reihenfolge in der Energiepolitik sollte sein, zuerst so schnell als möglich Kohlkraftwerke abzuschalten, dann Gas und Öl – und dann die klimaneutrale Kernkraft.[319]

In der Klimadebatte erleben Atomkraftwerke sogar ein kleines Revival, jedenfalls außerhalb Deutschlands. Kernkraftwerke sind nicht nur klimaneutral, sie setzen auch sonst keine Schadstoffe in die Luft, anders als fossile Brennstoffe. Manche Forscher gehen davon aus, dass Luftverschmutzung durch fossile Energieträger weltweit jeden fünften vorzeitigen Todesfall verursacht.[320] Im Gegensatz zu grüner Energie aus Solaranlagen, Windrädern und Biokraftwerken ist Atomkraft zudem platzsparend. Die Energiewende dürfte in Deutschland mehr Platz verbrauchen als alle Gebäude zusammen.[321] Obendrein tritt der Anbau von Bioenergieträgern in direkte Konkurrenz mit dem Anbau von Lebensmitteln. Und nicht zuletzt handelt es sich bei der Atomkraft um eine Technologie, von der man weiß, woran man ist – im Guten wie im Schlechten. Wie zuverlässig hingegen ein Netz sein wird, das auf Wind- und Sonnenenergie basiert, ist ein Neuland, auf das sich Deutschland als erste Industrienation vorwagt.

Natürlich wissen wir auch, welche Katastrophen die Kernkraft angerichtet hatte: Tschernobyl, Harrisburg, Fukushima. Und ob sich die Endlagerfrage durch Innovationen lösen lässt, ist immer noch offen – und macht sie allein deshalb enorm teuer.[322]

Es geht hier vielleicht aber auch einfach ums Prinzip, sowohl in einem politischen als auch in einem technischen Sinne. Atomkraftwerke am Netz zu lassen würde bedeuten, weiterhin ein Netz zu fördern, wie es Energiestatistiker Memmler für die Periode vor dem Jahr 2000 beschrieben hatte: große, zentrale Kraftwerke, die permanent den Großteil der Energie liefern. Das Netz der Zukunft aber sollte ein smartes, dezentrales sein, das Strom aus unzähligen kleinen Kraftwerken zieht, teilweise sogar speichert, etwa in Millionen von Autobatterien, und je nach Bedarf wieder freigibt. Deutschland ist mit der Energiewende dabei, den Beweis zu erbringen, dass sich ein Industrieland auf diese Weise mit größtenteils grüner Energie versorgen kann. Es ist der »Öko-Vorreiter«, der der Welt zeigen will, wie es anders geht. Wieder auf Atomkraft zu setzen wäre, so die Umwelt- und Wirtschaftsjournalistin Petra Pinzler, einfach »Kapitulation« – und spricht damit wohl vielen Grünen aus der Seele.[323]

Was wir (Radfahrer) kosten

Der Tweet war verblüffend und lustig:

»Jeder Autokilometer kostet unsere Gesellschaft 15 Cent.
Jeder Radkilometer bringt dagegen 16 Cent ein.
Muss ich jeden Tag dran denken, wenn ich durch den Berliner Berufsverkehr radele und uns allen wieder gut 3 Euro spare.«[324]

Der Tweet stammt von dem Journalisten Daniel Drepper, der dazu noch eine Studie aus Kopenhagen postete, die zeigen sollte, wie viel Kosten Autofahrer durch Unfälle, Lärm, Luftverschmutzung und Ähnliches verursachen.[325] Und wie viel Radfahrer der Gesellschaft bringen, weil sie sich fit halten und gesund bleiben und damit das Gesundheitssystem entlasten.

Über 400 Likes und fast 200 Retweets erhielt der Tweet, was nicht ungewöhnlich ist für Beiträge in den Sozialen Medien, in denen es um das Unrecht geht, das Radfahrern täglich widerfährt. Nur dass sie in der Regel weniger lustig sind. Die Tweets scharen sich um Hashtags wie *#motorisiertegewalt* oder *#CARrogance*. Gepostet werden Fotos von Radwegen, die von einem DHL-Fahrzeug blockiert werden, von Gebüsch zugewachsen sind oder kurzerhand im Straßengraben enden. Manche Radfahrer sind nur noch mit Kamera am Helm un-

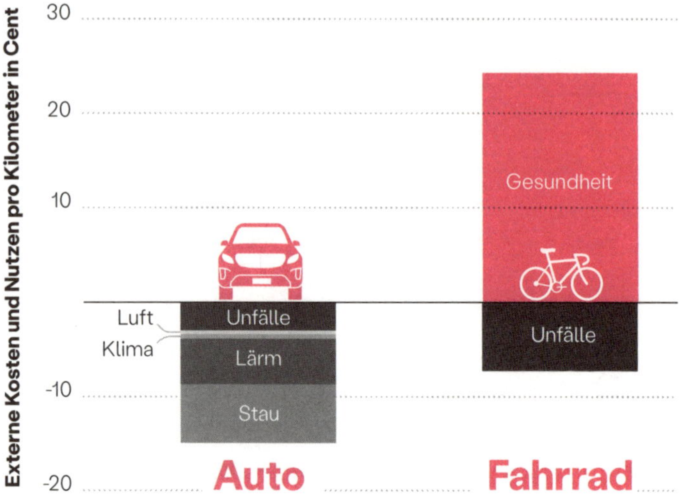

Abb. 27: Externe Kosten von Auto fahren und Rad fahren in Kopenhagen. Quelle: Gössling/Choi, 2015.

terwegs und veröffentlichen im Netz die Filme, wie sie zu eng überholt und dabei auch noch angehupt werden. Andere liefern sich Duelle mit Fahrzeugen der Stadtreinigung, die ihnen die rechtmäßige Vorfahrt nicht zugestehen. Es gibt auch wütende Nachrichten an die Deutsche Bahn, weil deren Aufzüge für Lastenräder zu kurz seien und der Regionalexpress diese überlangen Räder nicht mitnimmt. Und es gibt einen Twitter-Account, der nichts anderes macht, als gegen Fahrradhelme zu polemisieren. Sie würden Leben nicht wirklich schützen, symbolisierten aber ein Abschieben der Verantwortung: Anstatt dass der Staat dafür sorgt, dass Menschen auf dem Rad sicher sein können, sollen sie selbst für ihre Sicherheit sorgen. Und es gibt – neben alldem – eben auch immer wieder diese Zahlen, was Autofahrer die Gesellschaft kosteten und Radfahrer brächten.

Es ist nicht so, dass ich es nicht nachvollziehen könnte. Jeden Morgen, wenn das Wetter es zulässt, fahre ich vierzig Minuten lang zwölf Kilometer quer durch Berlin in mein Büro. Abends zurück. Es gibt schöne Abschnitte durch den Volkspark Hasenheide (leider habe ich noch nie einen Hasen gesehen) und vorbei am Brandenburger Tor, bei dem einen abbiegende Autos mit solcher Regelmäßigkeit übersehen, dass es nur eine Frage der Zeit ist, bis ich hier einen wüsten Unfall erleben werde. Es gibt aber auch einfach halsbrecherische Streckenabschnitte, wo man von Lastwagen mit kaum einer Armlänge Abstand überholt wird, auf deren Heck höhnisch in Frakturschrift steht: »Hoffi schert aus.« Deutsche Straßen sind auf Autos ausgerichtet. Als Radfahrer fühlt man sich oft nur zu Gast, meistens als ungebetener.

Ich lasse mich also gerne mitreißen, wenn ich solche Berechnungen externer Kosten und Nutzen sehe. Wenn ich lese, dass ich mit jedem Kilometer auf dem Rad der Gesellschaft 16 Cent in die Kasse spüle. Anders als beim CO_2-Fußabdruck im vorvorletzten Kapitel, der nur sagt, wie schlecht wir alle sind, bieten Kosten-Nutzen-Analysen auch eine gute Nachricht: Ich bin von sozialem Nutzen!

Leider habe ich als Datenjournalist eine ambivalente Beziehung zu diesen Berechnungen. Sie kommen aus der Umweltpolitik und wurden ab den siebziger Jahren beliebt. Im Kapitel über das Rauchen streiften wir sie bei der Frage, welche exorbitanten wirtschaftlichen Schäden Zigaretten verursachen würden. Die Berechnungen kommen meist von Ministerien, Verbänden, NGOs oder Universitäten, wobei je nach Urheber – wenig überraschend – die Unterschiede zwischen den Ergebnissen enorm sein können. Der deutsche Straßenverkehr zum Beispiel soll rund 40 Milliarden Euro pro Jahr an externen Kosten verursachen, glaubt man der EU. Oder fast 80 Milliarden

Euro, wenn man dem Internationalen Eisenbahnverband UIC glauben will.[326]

Derartige Berechnungen sagen oft mehr über die Annahmen und Überzeugungen ihrer Urheber als über den Gegenstand, den sie berechnen. Und das ist der Grund, weshalb ich sie nichtsdestotrotz liebe. Schraubt man sie nämlich auf und schaut ins statistische Getriebe, das sie produziert hat, findet man alles, was in der Statistik Spaß macht. Es ist ein Disneyland aus Modellen, Prognosen, Umfragedaten, Geodaten, Epidemiologie, Klimatologie und so weiter. Und weil alle diese Ergebnisse wie Achterbahnen hoch- und runtergehen, je nachdem, welche Annahmen man trifft und politischen Überzeugungen man vertritt, wird es schnell kontrovers.

Bevor wir aber die Kosten und Nutzen von Fahrrädern und Autos auseinandernehmen, eine kurze Begriffserklärung: Als politikwissenschaftlicher Laie dürfte man unter externen Kosten und Nutzen einfach die Schäden für die Umwelt und den Nutzen für die Gesundheit verstehen, die etwas anrichtet oder erbringt. Aber das trifft es nicht wirklich. Es geht nicht darum, welchen gesellschaftlichen Nutzen es hat, wenn mit einem Lastwagen eine Ladung Gemüse nach Berlin transportiert wird. Denn das ist bereits der Zweck der Fahrt, und der ist schon in die Kosten-Nutzen-Analyse des Gemüsehändlers eingeflossen. Es geht um Kosten und Nutzen, die durch die Fahrt für die Gesellschaft entstehen, die mit dem Zweck der Fahrt nichts zu tun haben und die bei der Entscheidung, ein bestimmtes Verkehrsmittel zu nutzen, nicht mit einkalkuliert werden. Könnte man aber, so die Überlegung, den Konsumentinnen und Konsumenten diese Kosten bewusst machen oder sogar in Rechnung stellen, würden sie Entscheidungen treffen, die besser für uns alle sind, weil dann die gesamten Kosten und Nutzen abgerechnet würden.

In München zum Beispiel sollen Autos der Kommune 222 Millionen Euro an Kosten verursachen und nicht einen einzigen Euro externen Nutzen erbringen. Fast die Hälfte der Kosten verursachen Unfälle. Aber auch Klima und Luft verschmutzen diese Autos. Die BMW-Stadt München zerstört sich quasi selbst. Radfahrer dagegen verursachen zwar 34 Millionen Euro an Unfallkosten, richten aber keine nennenswerten Umweltschäden an und sollen einen Nutzen von nicht weniger als 267 Millionen Euro jährlich bringen, weil Radfahrer gesund bleiben und damit die Gesellschaft entlasten. Die Zahlen gingen durch die Presse. Erhoben hatte sie die Initiative MunichWays, die für »RadlVorrang« in München sorgen will.[327]

Wer solche Zahlen für eine deutsche Stadt berechnen möchte, greift am besten auf eine Excel-Tabelle zurück, die der Verkehrsplaner Assadollah Saighani an der Universität Kassel entwickelt hat. Jeder kann die Tabelle bestellen und mit den Daten seiner Stadt füttern. Schnell und einfach geht das aber nicht. »Das sind einige Monate Arbeit, je nachdem, wie gut die Qualität der jeweiligen städtischen Daten ist«, sagt Saighani. Allein um die Schäden durch Lärm zu ermitteln, braucht man sogenannte Lärmemissionskarten, die zeigen, wo es in der Stadt wie laut ist, wo Bäume stehen, wo Schallschutzwände. Auf diese Karten legt man weitere Karten, die zeigen, wo wie viele Menschen leben. Und diese Menschen werden dann mit den Kosten multipliziert, die Lärm verursacht. Diese Kosten kommen wiederum aus Studien, die erheben, wie viel billiger vergleichbare Häuser in ruhigen und lauten Lagen sind. Oder die Leute befragen, wie viel sie zahlen würden, um den Lärm vor ihrer Haustür zu vermeiden.

Der Elefant in der Tabelle sind jedoch die Unfälle. Über 100 der 222 Millionen Euro an externen Kosten verursachen sie allein in der Stadt München. Das sind aber nicht die Unfallkosten für medizinische Versorgung, Reha und Sachschaden. Diese sind bereits von der Versicherung gedeckt und damit interne Kosten.[328] Verrechnet wird hier der sogenannte *Value of Statistical Life* in Europa, der statistische Wert des Lebens eines Europäers oder einer Europäerin. Bei leichten Verletzungen beträgt er 16 700 Euro, bei schweren 217 000 Euro. Kommt bei einem Unfall jemand ums Leben, sind es sogar 1,67 Millionen Euro.

Falls sich nun jemand wundert, dass der durchschnittliche Europäer den gleichen »Wert« hat wie ein (sehr günstiger) Spieler in der Fußballbundesliga,[329] dann liegt das daran, dass der *Value of Statistical Life* keine reale finanzielle Größe ist, auch wenn er in Euro-Beträgen daherkommt. »Der Wert misst nicht etwa Produktivitätsverluste oder Kosten infolge eines Todes, sondern versucht zu erfassen, wie viel ein Leben der Gesellschaft bedeutet«, erklärt Thomas Puls, Ökonom am Institut der deutschen Wirtschaft (IW) in Köln, der sich mit externen Kosten beschäftigt. »Es ist primär ein immaterieller Ansatz für Leid, Trauer und Schmerz.« Der Haushalt der Stadt München wird also nicht entlastet, wenn ihre externen Unfallkosten sinken.

Zustande kommt der *Value of Statistical Life* aus Umfragen, wie viel Geld investiert werden sollte, um einen Todesfall zu verhindern. Die Idee ist, so politisch abzuwägen, wie viel der Staat beziehungsweise das Land oder die Kommune für eine Sicherheitsmaßnahme investieren sollte. Kann sie zehn leichte Verletzungen vermeiden, darf sie 10 × 16 700 = 167 000 Euro kosten. (Aus ethischen Gründen verzichtet man darauf, Alter, Einkommen oder Berufstätigkeit mit einzukalkulieren. Die Straße vor einem Kindergarten sicherer zu machen wäre sonst wichtiger als die vor einem Altenheim.) Doch je nach Befragung sind die Unterschiede zwischen diesen Geldwerten riesig. Mal soll ein Leben 130 000 Euro wert sein, mal 32 Millionen.[330] Schadensersatzzahlungen vor Gericht fallen im Vergleich dazu deutlich niedriger aus.[331]

Für Radfahrer ist der *Value of Statistical Life* allerdings ein politisches Problem. Denn mit Blick auf die externen Kosten mache ich als Radfahrer etwas vollkommen Irres: Jeden Tag transportiere ich auf einem Rad ein fragiles Gut (mich) im Wert von 1,67 Millionen Euro (mein *Value of Statistical Life* laut EU) quer durch Berlin. Schützen tue ich es mit so gut wie nichts außer einem Stück Styropor und Plastik auf dem Kopf. Wäre ich ein Kunstwerk von 1,67 Millionen Euro Marktwert, würde man mich zentimeterdick in Bläschenfolie einwickeln und einen Sondertransport organisieren. Ich bin kein Kunstwerk.

Die externen Unfallkosten des Radfahrens sind, etwa in der eingangs zitierten Studie aus Kopenhagen, pro Kilometer mehr als doppelt so hoch wie beim Auto.[332] In München verursachen sie insgesamt neunmal so hohe Unfallkosten wie der gesamte ÖPNV.[333] Dabei hilft es auch nicht, dass die Gefahren oft von Autos und Lastwagen ausgehen. Die externen Kosten fallen stets für jene an, die den Unfall verursachen. So sind nun mal die Regeln. Man müsste den Radfahrern also ein sehr schlechtes Gewissen machen, ein derart großes, ja verantwortungsloses Risiko einzugehen. (Es überrascht wahrscheinlich nicht, dass es der Internationale Eisenbahnverband war, der den *Value of Statistical Life* in die politische Debatte eingeführt hat, schneidet der öffentliche Personenverkehr hier doch stets am besten ab.)

Wie also lassen sich die Radfahrer noch retten?

Auftritt: externer Nutzen.

Rad fahren hält fit, und wer fit ist, lebt länger und gesünder. Wer körperlich aktiv ist, hat weniger Herz-Kreislauf-Erkrankungen, Diabetes oder gar Depressionen. Wie viel das Radfahren zur Gesundheit beiträgt, ist zwar nicht leicht zu berechnen, aber man kann zum Beispiel schauen, wie viel höher die Lebenserwartung von Radfahrern ist im Vergleich zu Leuten, die nicht Rad fahren. Und diesen gesundheitlichen Nutzen, argumentieren Politologen, sollen wir Radfahrer als externen Nutzen verrechnen können. Schließlich entlasten wir damit das Gesundheitssystem.

»Das Konzept des externen Nutzens ist sehr umstritten, umstrittener noch als die externen Kosten«, meint allerdings Thomas Puls. Denn damit etwas als externer Nutzen zählt, darf es eigentlich nicht in die Entscheidung, das Rad zu benutzen, mit einbezogen werden. Sonst wäre es interner Nutzen. Was also geht mir durch den Kopf, wenn ich aufs Rad steige? Die ehrliche Antwort ist: keine Ahnung.

Ja, es fühlt sich sehr gut an, nur mit eigener Kraft und ein paar einfachen Gesetzen der Physik seinen Körper auf über zwanzig Stundenkilometer zu beschleunigen und durch Berlin zu radeln. Und ja, manchmal denke ich, dass ich, wenn ich das jeden Tag mache, das dann auch bis ins hohe Alter machen kann, weil ich dadurch fit und gesund bleibe, weil die epidemiologischen Modelle mir sagen, dass Radfahrer länger Leben. Aber glaube ich mir das auch wirklich? Rad fahren ist manchmal auch einfach wie Kiffen: Es gehen einem viele Gedanken durch den Kopf, die sich am Ziel als sinnlos herausstellen. Ist also meine Gesundheit in dreißig Jahren wirklich mit ein Grund, heute aufs Rad zu steigen?

Um diese psychologisch diffizile Frage statistisch sauber zu beantworten, schlagen manche Studien den externen Nutzen von Radfahren kurzerhand in zwei Teile: Die eine Hälfte macht der Radfahrer für sich, von der anderen profitiert die Gesellschaft. Derart grobschlächtig verfährt man machmal mit Zahlen, die man eben noch mit komplizierten epidemiologischen Modellen bis auf die Kommastellen genau ausgerechnet hat. Die gesundheitlichen Nutzen von Radfahren sind allerdings derart hoch veranschlagt, dass auch nur die Hälfte uns Radfahrer zu Helden im Dienst der Gesellschaft macht. Sie übersteigen unsere Unfallkosten um ein Vielfaches.

Aber ich höre sie schon hupen, die Autofahrer: Was ist mit unseren Steuern? Der KFZ-Steuer? Den 40 Prozent Energiesteuer auf jeden Liter Benzin? Letztere würden bei einem durchschnittlichen Auto circa 4 Cent pro Kilometer ausmachen. Warum tauchen diese Gelder nicht als Nutzen auf?

Ökosteuern werden auf das Autofahren erhoben, eben um den Autofahrern klarzumachen, welche Kosten sie verursachen, damit sie diese in die Entscheidung für oder gegen das Auto mit einbeziehen. Sie sind kein externer Nutzen. Aber man könnte sie zumindest von den Umweltschäden abziehen, die das Auto anrichtet. Manche Wissenschaftler und Umweltverbände halten dagegen, dass das nicht gilt, weil die Steuern nicht zu diesem Zweck erhoben wurden. »Aber ein Preissignal ist ein Preissignal«, sagt Puls. Ich spüre die Kosten an der Tanke und ziehe sie in meine Entscheidung ein und könnte sie demzufolge den externen Umweltkosten abziehen.

Doch halt! Die eingangs erwähnte Studie aus Kopenhagen rechnete noch mit Klimakosten von 9 Euro pro Tonne CO_2. Das Deutsche Umweltbundesamt geht mittlerweile – unter Einbeziehung künftiger Umweltschäden – von 698 Euro für 2021 aus.[334] Kürzlich erschien zudem eine Studie des Internationalen Instituts für angewandte Systemanalyse (IIASA) in Österreich, die glaubt errechnen zu können, dass durch den Klimawandel das weltweite Bruttosozialprodukt infolge von Wetterextremen bis Ende des Jahrhunderts um 37 Prozent niedriger ausfallen wird als ohne menschengemachte Erwärmung. So käme man auf Klimakosten von 2800 Euro pro Tonne CO_2, siebzigmal mehr als in der Studie.[335]

Es ist ein statistisches Hupen und Fluchen, wer nun der bessere Mensch im Straßenverkehr ist. Ich fürchte, gewisse Konflikte lassen sich nicht mit Zahlen klären.

Nachwort

Dieses Buch begann mit dem berühmten Buch *Der kleine Prinz*. Dass wir, die großen Menschen, uns schwer damit tun, in Bildern mehr zu sehen als das, was mit bloßem Auge sichtbar ist. Dass wir in der Schlange nicht den Elefanten sehen (oder umgekehrt). Die großen Leute hätten aber weder Angst vor diesem Elefanten noch vor der Schlange, weil sie die dicke Schlange für einen Hut halten. »Warum sollten wir vor einem Hut Angst haben?«, fragten sie.

Warum lösen Diagramme Angst aus oder wiegen einen in Sicherheit? Steven Pinker sagte, dass ihn Statistik »ziemlich immun« gegen Angst mache, etwa weil Kriege seltener und weniger tödlich werden. Extremwerttheorie hingegen lehrt einen mit den gleichen Zahlen das Fürchten. Der Hockeyschläger von Michael Mann soll uns das Fürchten vor dem Klimawandel lehren. Die Kurven der immer weniger tödlich werdenden Naturkatastrophen wirken ihr wieder entgegen.

Die besondere Kraft von Diagrammen ist, dass sie Gefühle wie Angst oder Sicherheit rationalisieren. Mehr noch: Wer das Gefühl angesichts der Kurve nicht teilt, kann als irrational abgetan werden. Das macht sie politisch so mächtig. Aber ehrlicherweise sind wir dabei selbst nicht konsequent. Kriminalität und Verkehrsunfälle sind beide rückläufig, aber je nach politischem Standpunkt ist das ein rationaler Grund für Wut und das andere gilt als Hysterie – und umgekehrt.

Statistik verallgemeinert, ein statistisches Ereignis zu erleben ist hingegen individuell. Ein und dieselbe Kurve kann für unterschiedliche Menschen – oder Gruppen – etwas völlig anderes bedeuten. Was man in Zahlen zur Verkehrssicherheit sieht ist abhängig von der Art der Verkehrsmittel, die man nutzt, aber auch von Geschlecht und vor allem von Alter.

Jemand in Deutschland mag mit dem Diagramm zu »70 Jahren Europäischem Frieden« (Abb. 14, S. 110) seine Liebe zu Europa rationalisieren. Jemand in Sarajevo dürfte dieselbe Grafik nur zynisch finden. Die Kurven, wonach die Welt immer besser wird, begeistern und besänftigen hier im Westen ein Millionenpublikum. Jemand in Subsahara-Afrika kriegt sie womöglich nicht mal zu Gesicht, weil kein Internet.

Differenziertere Daten können dem entgegenwirken. Aber ob wir nach der Schlange im Hut und dem Elefanten in der Schlange suchen wollen sowie dem, was auch immer der Elefant verschlungen haben mag, hängt von uns ab.

Die zweite Zahlenlehre im *Kleinen Prinzen* handelt von Autorität. Der kleine Prinz kommt von einem Mini-Planeten. Man sehe ihn kaum im Fernrohr, deshalb heiße er B 612. »Die großen Leute haben eine Vorliebe für Zahlen«, denn glaubwürdig sei nur, was eine Zahl hat. Gesehen habe B 612 bloß einmal im Jahr 1909 ein türkischer Astronom, erzählt die Geschichte, aber »niemand habe ihm geglaubt, und zwar einfach seines Anzuges wegen«. Erst als der Astronom »europäische Kleider« getragen habe, hätten ihm alle recht gegeben. Sprich: Der Absender der Zahl muss im westlichem, wissenschaftlichem Gewand daherkommen.

Der kleine Prinz ist von 1943. Dabei ging es damals mit dem Bauen auf Zahlen und Vertrauen auf die Wissenschaft erst richtig los. Ich hatte es im Kapitel über das Rauchen beschrieben. Nachdem in den fünfziger Jahren Epidemiologen mit neuen statistischen Methoden warnten, dass Rauchen das Krebsrisiko dramatisch erhöht, versuchte man zum ersten Mal mit einem möglichst objektiven Expertengremium die Frage zu klären. Heute ist solche Expertise in der Politik normal. Kaum ein Gesetz wird mehr beschlossen ohne wissenschaftliche Beratung und Begründung.

Ich weiß, aus der Wissenschaft klingt das oft anders. Während ich dieses Schlusswort schreibe, lanciert *ZEIT Online* eine Kampagne mit Promis aus dem Wissenschaftsbetrieb, die protestieren, dass heute große Medien »Emotionen gegen Fakten« streuen würden, Wissenschaft »aus dem Kontext gerissen und willkürlich ideologisch zurechtgebogen« werde, dabei müssten politische Entscheidungen »faktenbasiert« sein, andernfalls drohe »Unheil«. Und Unheil, liest man heraus, scheint nah.

So laut diese Stimmen derzeit sind, ich glaube, die Fakten sprechen gegen sie. Die Wissenschaft ist ein mächtiger politischer Influencer. Eine Mehrheit der deutschen Bevölkerung vertraut ihr. Der harte Kern derer, die der Wissenschaft nicht vertrauen, dümpelt im einstelligen Prozentbereich.[336] Die Hälfte der jungen Leute hat heute Fachhochschul- oder Hochschulreife. Die meisten von ihnen werden eine Hochschule besuchen, also direkt mit der Wissenschaft in Kontakt kommen und ein Leben lang von ihr geprägt sein. Meist sind es sie, die in gesellschaftliche Führungspositionen gelangen. Die Gelder für Universitäten werden immer mehr, ihre mediale Präsenz immer größer. Und so freundliche Berichterstattung, wie sie Wissenschaftlerinnen und Wissenschaftler erfahren, genießt nicht einmal der Sport.

Wahr ist aber auch, dass bei Auseinandersetzungen um und mit Statistik heute viele mitreden, nicht mehr nur die Wissenschaft. Das ist vielleicht ein positiver Nebenaspekt der Pandemie: Statistik ist keine »geheime Sprache« mehr, wie 1954 Darrell Huff in *Wie lügt man mit Statistik* noch schrieb. Die Sprache der Statistik ist in die Umgangssprache übergegangen.

Die dritte Geschichte, die der *Kleine Prinz* über Zahlen erzählt, ist eine von Besitz. Der kleine Prinz besucht einen Planeten, auf dem ein Geschäftsmann nichts tut außer die 500 Millionen Sterne zählen. 501 622 731 Sterne, um genau zu sein. »Ich bin ein ernsthafter Mann. Ich habe nicht Zeit zur Träumerei«, sagt der Mann. Er meint die Sterne zu besitzen, weil er sie als Erster zählt. Vielleicht hat er recht.

Wer zählt, kontrolliert. Ich lebe als Datenjournalist zwar davon, krumme Zahlen zurechtzubiegen. Aber dass Zahlen mal verbogen werden, gehört zur politischen Diskussion. Die großen Probleme sind nicht die kleinen Zahlentricks, sondern die großen Erzählungen, die mit Zahlen erzählt werden. Wenn Statistik zählend erzählt, dass die Welt immer besser wird, obwohl die Sache so einfach nicht ist. Wenn sie aufzählt, wo auf der Welt Platz für neue Bäume sei, um dem Klimawandel entgegenzuwirken. Vor dieser Art großer statistischer Erzählungen müssen wir uns hüten.

In Diskussionen, wie Statistik besser werden kann, geht es oft um technische Lösungen oder Fragen der Bildung. Dass Diagramme mehr Unsicherheiten kommunizieren sollten oder die Schulen *Data Literacy* – also Kompetenz im Lesen von Daten – vermitteln. Das ist schön und gut. Aber letztlich müssen wir uns selbst entscheiden, ob wir Zahlen nutzen, um uns zu hinterfragen oder uns in unseren Ansichten zu bestätigen. Ob wir mit Statistik Angst machen oder Angst nehmen wollen. Kurzum: Was wir mit ihr erzählen wollen.

Nutzen wir sie, um mit ihr zu diskutieren, um zu polemisieren, aber auch zu differenzieren, zu streiten und zu scherzen.

Dank

Die (geistigen) Eltern dieses Buches sind meine Eltern. »Linke Daten, Liberale Daten« war Jahrzehnte lang kein Buch, sondern stundenlange Tischgespräche der Familie Fischer. Dafür bin ich dankbar. Mein zweiter Dank geht an Jan Schweitzer, der es als Redakteur bei der ZEIT stets verstand, neue Infografik-Ideen in die richtige Richtung zu drehen. Aus einer davon entstand dieses Buch, auch dank dem klaren Blick meiner Agentin Hanna Leitgeb. Steffen Geier, mein Lektor, brachte es in Form. Vor allem aber danke ich Thembi, dass du mir gezeigt hast, die Welt nochmals neu zu sehen.

Anmerkungen

1 Milanović, Branko: »Global Income Inequality by the Numbers: in History and Now«, The World Bank, 2012.
2 Milanović, Branko: *Die ungleiche Welt: Migration, das Eine Prozent und die Zukunft der Mittelschicht*. Berlin: Suhrkamp, 2020, S. 18–20.
3 Muheed Jamaldeen: »What's happening on Global Inequality? Putting the ›elephant graph‹ to sleep with a ›hockey stick‹«, https://oxfamapps.org/fp2p/whats-happening-on-global-inequality-putting-the-elephant-graph-to-sleep-with-a-hockey-stick/
4 Barke, Werner: »Churchill: ›Ich glaube nur der Statistik, die ich selbst gefälscht habe …‹«, Statistisches Landesamt Baden-Württemberg, Monatsheft 11/2004.
5 Der Journalist Christoph Kucklick am 10. September 2021 zur Fake-News-Untersuchung der Kampagnen-Organisation Avaaz: https://twitter.com/chkucklick/status/1436302971470548992
6 »Diskussion um Corona-Kommentar: Stellungnahme zu einem *quer*-Kommentar in den sozialen Netzwerken«, Bayerischer Rundfunk, 16. Juni 2020: https://www.br.de/br-fernsehen/sendungen/quer/200314-quer-info-100.html
7 »›Es könnte eine Pandemie auf uns zukommen‹«, Interview mit Christian Drosten von Sandra Stalinski, Tagesschau.de, 28. Januar 2020.
8 Norman, Joseph, Yaneer Bar-Yam und Nassim Taleb: »Systemic Risk of Pandemic via Novel Pathogens – Coronavirus: A Note«, New England Complex Systems Institute, 26. Januar 2021.
9 Tüfekçi, Zeynep: »It Wasn't Just Trump Who Got It Wrong«, *The Atlantic*, 24. März 2021, eigene Übersetzung.
10 Siehe die Bereiche »History« und »About« der Gapminder-Website: https://www.gapminder.org/

11 Westendorp, Rudi: *Alt werden, ohne alt zu sein. Was heute möglich ist.* München: C.H. Beck, 2015, S. 114f.
12 Johnson, Steven: *Extra Life. A Short History of Living Longer.* New York: Riverhead Books, 2021, S. 23.
13 Szreter, Simon: »The Population Health Approach in Historical Perspective«, in: *American Journal of Public Health*, 2003, 93(3).
14 Zum Streit um die »McKeown-These« siehe Colgrove, James: »The McKeown Thesis: A Historical Controversy and Its Enduring Influence«, in: *American Journal of Public Health*, 2002, 92(5).
15 Johnson, S. 73.
16 Ebenda, S. 75–83.
17 Hickel, Jason: »It's not thanks to capitalism that we're living longer, but progressive politics«, *The Guardian*, 22. November 2019.
18 Johnson, S. 58.
19 Ebenda, S. 220–223.
20 Ebenda, S. 43.
21 Ebenda, S. 55–57.
22 Siehe »Die Geschichte von Bayer«: https://www.bayer.com/de/unternehmensgeschichte/unternehmensgeschichte
23 Inglis, Lucy: *Milk of Paradise. A History of Opium.* London: Picador, 2019, S. 240–243.
24 Johnson, S. 32 sowie Colgrove, S. 727.
25 Johnson, S. 185.
26 Ebenda, S. 221.
27 Posmik, Kai: »Anschnallen bitte!«, *Der Spiegel Geschichte*, 23. Dezember 2010.
28 Zu Purdue und der Opioid-Epidemie siehe: Radden Keefe, Patrick: *Empire of Pain. The Secret History of the Sackler Dynasty.* New York: Doubleday, 2021. Zu den Gründen der sinkenden Lebenserwartung in den USA: Woolf, Steven sowie Schoomaker, Heidi: »Life Expectancy and Mortality Rates in the United States, 1959–2017«, in: *Journal of the American Medical Association*, 2019, 322(20).
29 Gawande, Atul: »Costa Ricans Live Longer Than We Do. What's the Secret?«, *The New Yorker*, 23. August 2021.
30 »Digitalisierung und Demokratie«, Nationale Akademie der Wissenschaften Leopoldina, 2021, S. 5, S. 55f.
31 Peters, Daniel: »Vize-Bürgermeisterin will Crash-Test-Dummys gendern«, *Bild*, 15. Oktober 2021.
32 Siehe: https://twitter.com/hahnflo/status/1449443020915499015

33 Siehe: https://twitter.com/cem_oezdemir/status/1449650370557399041

34 Siehe: https://twitter.com/tibor/status/1449483729936789508

35 Bose, Dipan et. al.: »Vulnerability of Female Drivers Involved in Motor Vehicle Crashes: An Analysis of US Population at Risk«, in: *American Journal of Public Health*, Dezember 2011.

36 Mail-Verkehr mit Heiko Johannsen von der Medizinischen Hochschule Hannover.

37 »Medical Textbooks Use White, Heterosexual Men As A ›Universal Model‹«, ScienceDaily, 17. Oktober 2008.

38 Regitz-Zagrosek, Vera und Stefanie Schmid-Altringer: *Gendermedizin. Warum Frauen eine andere Medizin brauchen.* München: Scorpio, 2020, S. 153.

39 Ebenda, S. 154.

40 Ebenda, S. 193.

41 Ebenda, S. 195.

42 Criado-Perez, Caroline: *Invisible Women. Exposing Data Bias in a World Designed for Men.* London: Chatto & Windus, 2019, S. 216, eigene Übersetzung.

43 »Verkehrsunfälle: Unfälle von Frauen und Männern im Straßenverkehr 2019«, Statistisches Bundesamt, 2020, S. 5 f.

44 »World Health Statistics Overview 2019: Monitoring Health for the SDGs, Sustainable Development Goals«, World Health Organization, 2019, S. 3.

45 Antrag der Abgeordneten (...) und Fraktion der AfD: »Einrichtung eines Stipendiums zur Erforschung von Männerdiskriminierung und Misandrie«, Deutscher Bundestag, Drucksache 19/26443, 4. Februar 2021.

46 Siehe »Prostatakrebs – die gesundheitspolitisch vernachlässigte Krebsart« auf der Website von MANNdat: https://manndat.de/mannstat/prostatakrebs-die-gesundheitspolitisch-vernachlaessigte-krebsart.html

47 Fischer, Tin und Doreen Borsutzki: »Männer ...«, *Die Zeit*, 23/2019, Kommentare: https://www.zeit.de/2019/23/maenner-lebenserwartung-gesundheit-studie-statistik

48 »Unfälle unter Alkoholeinfluss 2019: Jahreshöchstwert am Vatertag«, Statistisches Bundesamt: https://www.destatis.de/DE/Presse/Pressemitteilungen/Zahl-der-Woche/2020/PD20_21_p002.html

49 Lendrem, Ben et. al.: »The Darwin Awards: Sex Differences in Idiotic Behaviour«, in: *British Medical Journal*, 11. Dezember 2014.

50 White, Alan et. al.: »The State of Men's Health in Europe«, European Commission, 2011, S. 87.
51 Mail-Wechsel mit Karoline Becker von der Bundesarbeitsgemeinschaft Mehr Sicherheit für Kinder, Zahlen siehe: https://www.kindersicherheit.de/fachinformationen/unfallstatistiken.html
52 »›Der Herzinfarkt wird weiblicher‹«, Interview mit Vera Regitz-Zagrosek von Anna Ilin, *Tagesspiegel* Gesundheit, 2020/2021.
53 »Fakten zum Rauchen: Rauchen und Lungenerkrankungen«, Deutsches Krebsforschungszentrum, 2019.
54 »Fakten zum Rauchen: Durch Rauchen und Passivrauchen verursachte Krebserkrankungen«, Deutsches Krebsforschungszentrum, 2008.
55 »Tabakatlas Deutschland 2020 – auf einen Blick«, Deutsches Krebsforschungszentrum, 2020.
56 Thofern, Uta: »Contra Rauchverbot: Meine Lunge gehört mir!«, Deutsche Welle, 30. Mai 2007.
57 Keane, Phoebe: »How the oil industry made us doubt climate change«, BBC News, 20. September 2020.
58 Milov, Sarah: *The Cigarette. A Political History. Cambridge.* Cambridge: Harvard University Press, 2019, S. 8.
59 Proctor, Robert: »Hitler, das ›Rassengift‹ – und die Spätfolgen«, *Süddeutsche Zeitung*, 19. Mai 2010.
60 Milov, S. 109.
61 Doll, Richard: »How It Really Happened: Smoking and Lung Cancer«, in: *American Journal of Respiratory and Critical Care Medicine*, 2000, 162, S. 4 sowie Mukherjee, Siddhartha: *Der König aller Krankheiten. Krebs – eine Biografie.* Köln: DuMont, 2015, S. 315.
62 Mukherjee, S. 318.
63 Doll, S. 5.
64 Milov, S. 111.
65 Ebenda, S. 110.
66 Ebenda, S. 118 f.
67 Huff, Darrell: *How to Lie With Statistics.* New York: W. W. Norton, 1954, S. 10, eigene Übersetzung.
68 Reinhart, Alex: »Huff and puff«, in: *Significance*, 2014, 11(4), S. 28–33.
69 Milov, S. 150 f.
70 Ebenda, S. 165.
71 Ebenda, S. 160 + 179.
72 Ebenda, S. 178.
73 Ebenda, S. 200.

74 Ebenda, S. 223–225.
75 Ebenda, S. 202.
76 Ebenda, S. 223 f.
77 Bruttel, Oliver: »Die Oberschicht hat sich abgewandt«, in: *Deutsches Ärzteblatt*, 6. Mai 2011, 108(18), S. 1001.
78 Milov, S. 201.
79 Kotz, Daniel et. al.: »Nutzung von Tabak und E-Zigaretten sowie Methoden zur Tabakentwöhnung in Deutschland«, in: *Deutsches Ärzteblatt*, 6. April 2018, 115(14), S. 237.
80 Siehe: https://www.rauchfrei-info.de/informieren/verbreitung-des-rauchens/soziale-unterschiede/
81 »Wer sind die Ungeimpften?«, Max-Planck-Gesellschaft: https://www.mpg.de/17668113/impfbereitschaft-in-europa
82 »Befragung von nicht geimpften Personen zu den Gründen für die fehlende Inanspruchnahme der Corona-Schutzimpfung: Ergebnisbericht«, Forsa, Oktober 2021.
83 »Legalisierung von Cannabis«, Infratest dimap im Auftrag des Deutschen Hanfverbands: https://www.infratest-dimap.de/umfragen-analysen/bundesweit/umfragen/aktuell/legalisierung-von-cannabis/
84 »Geschichtlicher Hintergrund – 7500 Jahre Kultur«, Deutscher Hanfverband: https://cannabisfakten.de/wieso-verboten
85 »Argumentationshilfe Drogenpolitik«, Bündnis 90 / Die Grünen: https://www.gruene.de/drogen
86 Hoch, Eva et. al.: *Cannabis. Potenzial und Risiko. Eine wissenschaftliche Bestandsaufnahme.* Berlin / Heidelberg: Springer, 2019.
87 Ebenda, S. 143.
88 Ebenda, S. 205.
89 Berenson, Alex: *Tell Your Children: The Truth About Marihuana, Mental Illness and Violence.* New York: Free Press, 2019, S. 62.
90 Ebenda, S. 62.
91 Goldberg, Carey: »Wealthy Ally for Dissidents in the Drug War«, in: *The New York Times*, 11. September 1996.
92 Berenson, S. 62.
93 »Bei welchen Krankheiten kann medizinisches Cannabis angewendet werden?«, Deutscher Hanfverband: https://hanfverband.de/faq/bei-welchen-krankheiten-kann-medizinisches-cannabis-angewendet-werden
94 Auswertung der Suchresultate nach Jahr zum Begriff »medical marijuana« auf PubMed.org: https://pubmed.ncbi.nlm.nih.gov/?term=medical+marijuana

95 Riedewald, Gesa: »Umfrage zur Cannabis-Legalisierung«, Leafly, 27. Januar 2020.

96 Überall, Michael A.: »Cannabis als Medizin: 21 Fragen und Antworten zum Umgang mit Cannabis in der Praxis«, in: *Schmerzmedizin*, 2018, 34(1), S. 24.

97 Hoch et. al., S. 267.

98 Ebenda, S. 289.

99 Ebenda, S. 396 f.

100 »Mein Arzt will mir kein medizinisches Cannabis verschreiben. Was kann ich tun?«, Deutscher Hanfverband: https://hanfverband.de/faq/mein-arzt-will-mir-kein-medizinisches-cannabis-verschreiben-was-kann-ich-tun/

101 https://www.youtube.com/watch?v=hv-3ChxwloA&t=262s#t=04m53s

102 »Über die Kooperation zwischen CORRECTIV.Faktencheck und Facebook«, Correctiv, 17. Dezember 2018, https://correctiv.org/faktencheck/ueber-uns/2018/12/17/ueber-die-kooperation-zwischen-correctiv-faktencheck-und-facebook/

103 Sharkey, Patrick: *Uneasy Peace: The Great Crime Decline, the Renewal of City Life, and the Next War on Violence*. New York: W. W. Norton, 2019, S. XV.

104 Pinker, Steven: *Gewalt. Eine neue Geschichte der Menschheit*. Frankfurt am Main: S. Fischer, 2011, S. 170+172.

105 Ebenda, S. 175.

106 Ebenda, S. 181.

107 Ebenda, S. 182 f.

108 Sharkey, S. 55 f. sowie S. 5 f., eigene Übersetzung.

109 Ebenda, S. 57–59 sowie S. 44 f.

110 Sharkey, S. 45 f.

111 Pinker, S. 197 f.

112 Eisner, Manuel: »From Swords to Words: Does Macro-Level Change in Self-Control Predict Long-Term Variation in Levels of Homicide?«, in: *Crime and Justice*, 2014, S. 90.

113 Ebenda, S. 102–104.

114 Ebenda, S. 102.

115 Ebenda, S. 117.

116 Ebenda, S. 112–117.

117 Ebenda, S. 91.

118 Gramlich, John, »What we know about the increase in U. S. murders in 2020«, Pew Research Center, 27. Oktober 2021.

119 »Polizeiliche Kriminalstatistik der Bundesrepublik Deutschland: 1953«, Bundeskriminalamt.
120 Lakotta, Beate: »Wie sicher ist Deutschland?«, *Der Spiegel*, 6. Mai 2018.
121 Dreißigacker, Arne: »Befragung zu Sicherheit und Kriminalität: Kernbefunde der Dunkelfeldstudie 2017 des Landeskriminalamtes Schleswig-Holstein«, Kriminologisches Forschungsinstitut Niedersachsen, 2017, S. 42.
122 Abdul-Rahman, Laila et. al.: »Polizeiliche Gewaltanwendungen aus Sicht der Betroffenen«, Ruhr-Universität Bochum, 17. September 2019.
123 Wallenfels, Matthias: »Ruf nach höheren Obduktionsquoten«, *ÄrzteZeitung*, 31. August 2017.
124 Bergmann, Marie Christine et. al.: »Jugendliche in Niedersachsen: Ergebnisse des Niedersachsensurveys 2017«, Kriminologisches Forschungsinstitut Niedersachsen, 2019, S. 40.
125 »Bevölkerung und Kultur: Volks- und Berufszählung vom 6. Juni 1961«, Statistisches Bundesamt, Heft 2, 1961, S. 22.
126 PKS (1953), S. 83.
127 Stephan, Andrej: »Kein Mensch sagt HWAO-Schnitzel« – BKA-Kriminalpolitik zwischen beständigen Konzepten, politischer Reform und ›Sprachregelungen‹, in: *Schatten der Vergangenheit: Das BKA und seine Gründungsgeneration in der frühen Bundesrepublik*. Hrsg. v. Baumann, Imanuel et. al., Bundeskriminalamt, 2011, S. 261 f.
128 Stephan, S. 270.
129 »Polizeiliche Kriminalstatistik: Bundesrepublik Deutschland Geschichtliche Entwicklung«, Bundeskriminalamt, 2020, S. 5.
130 Dörmann, Uwe: *Zahlen sprechen nicht für sich: Aufsätze zu Kriminalstatistik, Dunkelfeld und Sicherheitsgefühl aus drei Jahrzehnten*. Aus der Reihe: Polizei + Forschung, hrsg. vom Bundeskriminalamt, Kriminalistisches Institut, 2004.
131 Ebenda, S. 24.
132 Ebenda, S. 29.
133 Ebenda, S. 30 f.
134 Ebenda, S. 37.
135 Pfeiffer, Christian, Dirk Baier und Sören Kliem: »Zur Entwicklung der Gewalt in Deutschland. Schwerpunkte: Jugendliche und Flüchtlinge (Zusammenfassung)«, Zürcher Hochschule für Angewandte Wissenschaften, 2017, S. 1.
136 Ebenda, S. 3.

137 »World Prison Brief: Germany«, Institute for Crime & Justice Policy Research, University of London: https://www.prisonstudies.org/country/germany
138 PKS (1953), S. 21.
139 »Mobilität in Deutschland: Ergebnisbericht«, Bundesministerium für Verkehr und digitale Infrastruktur, 2018, S. 52.
140 »Mehr Männer als Frauen sind Schwarzfahrer: Umfrage zum Schwarzfahren im Geschlechtervergleich«, Splendid Research, 2017 sowie Felber-Eisele, Philipp: »Männer fahren häufiger ohne Billett als Frauen«, *Tages-Anzeiger*, 23. September 2020.
141 »Polizeiliche Kriminalstatistik: Bundesrepublik Deutschland Geschichtliche Entwicklung«, Bundeskriminalamt, 2020, S. 6.
142 »Gewalt gegen Frauen in Paarbeziehungen: Eine sekundäranalytische Auswertung zur Differenzierung von Schweregraden, Mustern, Risikofaktoren und Unterstützung nach erlebter Gewalt (Kurzfassung)«, Bundesministerin für Familie, Senioren, Frauen und Jugend, 2014, S. 36 f.
143 Oberwittler, Dietrich und Julia Kasselt: »Ehrenmorde in Deutschland: 1996–2005«, Polizei + Forschung, hrsg. vom Bundeskriminalamt, Band 42, 2011.
144 Ebenda, S. 20.
145 Ebenda, S. 15 f.
146 Ebenda, S. 20–22.
147 »Trennungstötungen werden oft nicht als Mord eingestuft«, Interview mit Leonie Steinl von Natascha Holstein, *Süddeutsche Zeitung*, 17. Oktober 2019.
148 Moderne Übersetzung aus dem Deutschen des 17. Jahrhunderts von Reinhard Kaiser: *Der abenteuerliche Simplicissimus.* Frankfurt am Main: Eichborn, 2009.
149 Pinker, S. 357 f.
150 Ebenda, S. 341 + 359.
151 Ebenda, S. 358 f.
152 Ebenda, S. 370.
153 Ebenda, S. 360.
154 Ebenda, S. 371–376.
155 Ebenda, S. 418.
156 Ebenda, S. 395 + 400.
157 Ebenda, S. 376–379.
158 »Die Welt wird immer besser. Und dieser Mann hat den Beweis«, Interview mit Steven Pinker von Guido Mingels, *Der Spiegel*, 16. Februar 2018.

159 Pinker, S. 442.
160 Pinker, S. 373.
161 Siehe dazu auch: Braumoeller, Bear: »Systemic Trends in War and Peace«, in: *The Cause of Peace: What we know now*, The Norwegian Nobel Institute, 2019, S. 34 f.
162 Gray, John: »Steven Pinker is wrong about violence and war«, *The Guardian*, 13. März 2015.
163 Cirillo, Pasquale und Nassim Taleb: »Tail risk of contagious diseases«, in: *Nature Physics*, 25. Mai 2020.
164 Cirillo, Pasquale und Nassim Taleb: »On the statistical properties and tail risk of violent conflicts«, in: *Physica A*, 15. Juni 2016, S. 29–45 sowie »What are the chances of a third world war?«: https://www.fooledbyrandomness.com/significance.pdf
165 Taleb, Nassim: *Antifragilität. Anleitung für eine Welt, die wir nicht verstehen*. München: btb, 2014, S. 113.
166 Pinker, Steven: »Fooled by Belligerence: Comments on Nassim Taleb's ›The Long Peace is a Statistical Illusion‹«, https://scholar.harvard.edu/files/pinker/files/comments_on_taleb_by_s_pinker.pdf
167 Patel, Kiran Klaus, *Projekt Europa. Eine kritische Geschichte*. München: C. H. Beck, 2018, S. 70.
168 »Geld Tauschmittel«, Bibliothek der Sachgeschichten: https://www.youtube.com/watch?v=FEfeoW45VPo
169 Graeber, David: *Schulden. Die ersten 5000 Jahre*. München: Goldmann, 2014, S. 31.
170 Ebenda, S. 59.
171 Ebenda, S. 46.
172 Ebenda, S. 40.
173 Ebenda, S. 61.
174 Ebenda, S. 50.
175 Ebenda, S. 32.
176 Ebenda, S. 65.
177 Ebenda, S. 14.
178 Zitiert nach: Hunger, Anton: »Die schwäbische Hausfrau«, *Frankfurter Allgemeine Sonntagszeitung*, 14. Juli 2016.
179 Kelton, Stephanie: *The Deficit Myth: Modern Monetary Theory and the Birth of the People's Economy* London: John Murray, 2021, S. 100, eigene Übersetzung.
180 Ebenda, S. 2, eigene Übersetzung.
181 Siehe Seitenaufrufe des Beitrags »Modern Monetary Theory« laut Pageviews Analysis: https://pageviews.toolforge.org/

182 Siehe: https://de.wikipedia.org/wiki/Modern_Monetary_Theory

183 Leue, Vivien: »Schulden machen, bis es quietscht«, Deutschlandfunk Kultur, 18. Mai 2021.

184 Kelton, S. 8, eigene Übersetzung.

185 Ebenda, S. 19+124.

186 Ebenda, S. 143.

187 »Das Schwarzbuch: Die öffentliche Verschwendung 2020/21«, Bund der Steuerzahler, 2021.

188 Winterbach, Christoph und Guido Mingels: »Die Reichen werden reicher – die Armen aber auch«, *Der Spiegel*, 17. Mai 2017.

189 Siehe: https://www.gapminder.org/tools/#$chart-type=mountain

190 Rosling, Hans et. al., *Factfulness. Wie wir lernen, die Welt so zu sehen, wie sie wirklich ist*, Berlin: Ullstein, 2018, S. 41.

191 Siehe: https://www.huzaifazoom.com

192 Hickel, Jason: »Global inequality: Do we really live in a one-hump world?«: https://www.jasonhickel.org/blog/2019/3/17/two-hump-world sowie Hickel, Jason, Dylan Sullivan und Huzaifa Zoomkawala: »Plunder in the Post-Colonial Era: Quantifying Drain from the Global South Through Unequal Exchange, 1960–2018«, in: *New Political Economy*, März 2021.

193 Hickel, Jason: *The Divide: A Brief Guide to Global Inequality and its Solutions*. London: Windmill Books, 2018, S. 21.

194 Ebenda, S. 113, eigene Übersetzung.

195 Ebenda, S. 22, eigene Übersetzung.

196 Ebenda, S. 28, eigene Übersetzung.

197 Ebenda, S. 151, eigene Übersetzung.

198 Ebenda, S. 26.

199 Ebenda, S. 22.

200 Ebenda, S. 177, eigene Übersetzung.

201 Acemoglu, Daron und James A. Robinson: *Warum Nationen scheitern: Die Urprünge von Macht, Wohlstand und Reichtum*. Frankfurt am Main: Fischer, 2013, S. 103.

202 Hickel, S. 43.

203 Milanović, S. 18–22 sowie S. 46.

204 Milanović, S. 111.

205 Milanović, S. 11+137.

206 Hickel, Jason: »A response to Max Roser: how not to measure global poverty«, 6. Februar 2019: https://www.jasonhickel.org/blog/2019/2/6/response-to-max-roser

207 Matthews, Dylan: »Bill Gates tweeted out a chart and sparked a huge debate about global poverty«, Vox, 12. Februar 2019.
208 Milanović, S. 139.
209 Ebenda, S. 138 f.
210 Ebenda, S. 57 sowie S. 73 f.
211 Ebenda, S. 62–65.
212 Ebenda, S. 64.
213 Ebenda, S. 119.
214 Ebenda, S. 117.
215 Ebenda, S. 163.
216 Gammelin, Cerstin et. al.: »Wer profitiert, wer verliert«, *Süddeutsche Zeitung*, 7. Juli 2021.
217 Siehe: https://twitter.com/sven_giegold/status/1413051894700912640
218 Siehe: https://twitter.com/katjakipping/status/1413133993894047748
219 Hickel, Jason: »Bill Gates says poverty is decreasing. He couldn't be more wrong«, *The Guardian*, 29. Januar 2021.
220 Hickel S. 37 f., eigene Übersetzung.
221 Siehe: https://archiv.cdu.de/wahlfakten/deutschlands-schoenste-kurven
222 »CDU will Entfesselungspaket für die Wirtschaft«, 19. August 2021: https://www.cdu.de/artikel/cdu-will-entfesselungspaket-fuer-die-wirtschaft
223 Christian Hutter et. al.: »Which Factors are behind Germany's Labour Market Upswing?«, Institut für Arbeitsmarkt- und Berufsforschung, 2019.
224 Siehe: https://www.die-linke.de/themen/arbeit-alt/tatsaechliche-arbeitslosigkeit/2021/
225 »Die Ängste der Deutschen«, Befragung der R+V Versicherung: https://www.ruv.de/presse/aengste-der-deutschen/grafiken-die-aengste-der-deutschen
226 Butterwegge, Christoph: *Armut in einem reichen Land: Wie das Problem verharmlost und verdrängt wird*. Frankfurt am Main: Campus, 2016, S. 78.
227 Thießen, Friedrich und Christian Fischer: »Die Höhe der sozialen Mindestsicherung – eine Neuberechnung ›bottom up‹«, in: *Zeitschrift für Wirtschaftspolitik*, 2008, 57(2).
228 »Kein Alkohol und Tabak für Hartz-IV-Empfänger!«, *Bild*, 3. Dezember 2008.
229 »Merkel geißelt Hartz-IV-Studie als unverantwortlich«, *Die Welt*, 6. September 2008.

230 Thießen, Friedrich und Christian Fischer: »Präambel zur Studie«: https: / / www.tu-chemnitz.de / wirtschaft / bwl4 / interessantes / Soziale_Mindestsicherung_2008_ZusFas.pdf
231 Köcher, Renate: »Wer ist arm im Wohlstandsland?«, *Wirtschaftswoche*, 11. Mai 2018.
232 Panova, Ralina et. al.: »Die Rushhour des Lebens im Familienzyklus. Zeitverwendung von Männern und Frauen«, Statistisches Bundesamt, 2017.
233 Butterwegge, S. 78 sowie 81–84.
234 Consiglio, Valentina: »Bröckelt die Mittelschicht? Risiken und Chancen für mittlere Einkommensgruppen auf dem deutschen Arbeitsmarkt«, Bertelsmann Stiftung, 2021, S. 12.
235 Ebenda, S. 78 sowie 156.
236 Ebenda, S. 265.
237 Graeber, David: *Bullshit Jobs. Vom wahren Sinn der Arbeit*. Stuttgart: Klett-Cotta, 2018, S. 31.
238 Ebenda, S. 41.
239 »37 % of British workers think their jobs are meaningless«, YouGov, 12. August 2015: https: / / yougov.co.uk / topics / lifestyle / articles-reports / 2015 / 08 / 12 / british-jobs-meaningless
240 Ebenda, S. 111 f.
241 Ebenda, S. 220–223.
242 Ebenda, S. 260.
243 Ebenda, S. 115.
244 Ebenda, S. 236.
245 Siehe Bevölkerungspyramide des Statistischen Bundesamts: https: / / service.destatis.de / bevoelkerungspyramide /
246 Historischer Überblick: Lamberti, Georg (Hg.): *Intelligenz auf dem Prüfstand: 100 Jahre Psychometrie*. Göttingen: Vandenhoeck & Ruprecht, 2005, Kapitel 1 und 2.
247 Stern, Elsbeth und Aljoscha Neubauer: *Intelligenz: Große Unterschiede und ihre Folgen*. München: DVA, 2013, S. 50.
248 Ebenda, S. 68.
249 Ebenda, S. 177.
250 Nguyen-Kim, Mai Thi: *Die kleinste gemeinsame Wirklichkeit: Wahr, falsch, plausibel?* München: Droemer, 2021, S. 212.
251 Stern / Neubauer, S. 67 f.
252 Strenze, Tarmo: »Intelligence and socioeconomic success: A meta-analytic review of longitudinal research«, in: *Intelligence*, 2007, 35 S. 406.
253 Zagorsky, Jay: »Do you have to be smart to be rich? The impact

of IQ on wealth, income and financial distress«, in: *Intelligence*, 2007, 35, S. 489–501.

254 Stern / Neubauer S. 67.

255 Taleb, Nassim: »IQ is largely a pseudoscientific swindle«, *Medium*, 2. Januar 2019.

256 Sarrazin, Thilo: *Deutschland schafft sich ab: Wie wir unser Land aufs Spiel setzen*. München: DVA, 2010, S. 93.

257 Saini, Angela: *Superior: The Return of Race Science*. London: 4th Estate, 2019, S. 221.

258 Harden, Kathryn: *The Genetic Lottery: Why DNA Matters for Social Equality*. Princeton: Princeton University Press, 2021, S. 29.

259 Cepelewicz, Jordana: »New Turmoil Over Predicting the Effects of Genes«, *Quanta Magazine*, 23. April 2019.

260 Saini, S. 228 f.

261 Harden, S. 13.

262 Dickens, William und James Flynn: »Black Americans Reduce the Racial IQ Gap: Evidence From Standardization Samples«, in: *Psychological Science*, 2006, 17(10), S. 917.

263 Sarrazin, Deutschland, S. 75.

264 Sarrazin, Deutschland, S. 17 + 100.

265 Stern / Neubauer S. 105.

266 Sarrazin, Thilo: *Feindliche Übernahme: Wie der Islam den Fortschritt behindert und die Gesellschaft bedroht*. München: FBV, 2018, S. 143.

267 Ebenda, S. 130.

268 Ebenda, S. 131.

269 Siehe dazu etwa: https://worldpopulationreview.com/country-rankings/average-iq-by-country sowie Sarrazin, Übernahme, S. 151.

270 Bleuel, Nataly, Nike Heinen und Tanja Stelzer: »Wir waren mal schlauer«, *Die Zeit*, 27. März 2019.

271 Pietschnig, Jakob und Georg Gittler: »A reversal of the Flynn effect for spatial perception in German-speaking countries: Evidence from a cross-temporal IRT-based meta-analysis (1977–2014)«, in: *Intelligence*, 2015, Vol. 53.

272 Dutton, Edward, Lynn van der Linden und Richard Dimitri: »The negative Flynn Effect: A systematic literature review«, in: *Intelligence*, 2016, Vol. 59.

273 »Nobelpreisregen durch Schokoladenhunger«, *Der Spiegel*, 11. Oktober 2012.

274 Sarrazin, Übernahme, S. 12+94.

275 Ebenda, S. 147.

276 Boeing, Niels: »Verzicht rettet die Welt nicht«, *Zeit Wissen*, 12. Mai 2019. Studie: Notz, Dirk und Julienne Stroeve: »Observed Arctic sea-ice loss directly follows anthropogenic CO_2 emission«, in: *Science*, 11. November 2016.

277 Zum CO_2-Rechner von BP: Doyle, Julie: *Culture, Environment and Eco-Politics.* Cambridge: Cambridge Scholars Press, 2011, Kapitel 8, eigene Übersetzung. Weltweit größte Verursacher von CO_2-Emissionen laut Climate Accountability Institute: https://climateaccountability.org/carbonmajors.html

278 Google Trends für »carbon footprint«.

279 »BP turns out lights at solar business«, Reuters, 21. Dezember 2011.

280 »Carbon inequality in 2030: Per capita consumption emissions and the 1.5 °C goal«, Oxfam International und Institute for European Environmental Policy, 2021, S. 3.

281 Michael, Mann: *Propagandaschlacht ums Klima: Wie wir die Anstifter klimapolitischer Untätigkeit besiegen*. Erlangen: Verlag Solare Zukunft, 2021, S. 129 + 113.

282 Ebenda, S. 127.

283 Ebenda, S. 114.

284 Ebenda, S. 238.

285 »Improved Rice Production« von Project Drawdown: https://www.drawdown.org/solutions/improved-rice-production

286 Klöwer, Milan et. al.: »Quantifying aviation's contribution to global warming«, in: *Environmental Research Letters*, 4. November 2021.

287 Siehe unter anderem Our World in Data: https://ourworldindata.org/emissions-by-sector

288 International Air Transport Association (IATA) via Statista: https://www.statista.com/statistics/1186820/co2-emissions-commercial-aviation-worldwide/

289 »Understanding the impacts of Covid-19 on global CO_2 emissions«, International Energy Agency: https://www.iea.org/articles/global-energy-review-co2-emissions-in-2020

290 Partei der Freien Demokraten zum Thema Klima: https://www.fdp.de/position/klima

291 Siehe dazu etwa: »Technologien für mehr Klimaschutz«, Öko-Institut: https://fliegen-und-klima.de/technologien-fuer-mehr-klimaschutz.html

292 Weltbank: https://data.worldbank.org/indicator/IS.AIR.PSGR

293 »Internationale Umfrage: Mehrheit der Weltbevölkerung erwartet schwerwiegende Folgen des Klimawandels«, YouGov: https://yougov.de/news/2019/09/23/internationale-umfrage-mehrheit-der-weltbevolkerun/

294 Schneider, Birgit: *Klimabilder. Eine Genealogie globaler Bildpolitiken von Klima und Klimawandel*. Berlin: Matthes & Seitz, 2018, S. 190.

295 Mann, S. 37.

296 Schneider, S. 181.

297 Hansen, James et. al.: »Climate Impact of Increasing Atmospheric Carbon Dioxide«, in: *Science*, 28. August 1981.

298 Gespräch mit Eduardo Zorita vom Helmholtz-Zentrum Hereon.

299 Mann, S. 53.

300 Ebenda, S. 16.

301 Lomborg, Bjørn: *False Alarm: How Climate Change Panic Costs Us Trillions, Hurts the Poor, and Fails to Fix the Planet*. New York: Basic Books, 2020, S. 9, eigene Übersetzung.

302 Ebenda, S. 73 f.

303 Ebenda, S. 75.

304 Feldmann, Johannes und Anders Levermann: »Collapse of the West Antarctic Ice Sheet after local destabilization of the Amundsen Basin«, in: *PNAS*, 17. November 2015.

305 Lu, Denise und Christopher Flavelle: »Rising Seas Will Erase More Cities by 2050, New Research Shows«, *The New York Times*, 29. Oktober 2019.

306 »New elevation data triple estimates of global vulnerability to sea-level rise and coastal flooding«, in: *Nature Communications*, 29. Oktober 2019, Vol. 10.

307 Altmetric: https://www.altmetric.com/top100/2019/

308 Fischer, Tin: »Wenn die KI daneben liegt«, *Die Zeit*, 6. November 2019.

309 »›Die deutsche Nordseeküste ist nicht gefährdet‹«, Interview mit Athanasios Vafeidis von Hilmar Schmundt, *Der Spiegel*, 1. November 2019.

310 Lomborg, S. 24.

311 Bastin, Jean-François et. al.: »The global tree restoration potential«, in: *Science*, 5. Juli 2019. Zusammenfassungen der Kritik: *Science*, 18. Oktober 2019.

312 »Renewable energy statistics«, Eurostat, Dezember 2020.

313 Unnerstall, Thomas: *Energiewende verstehen: Die Zukunft von Autoverkehr, Heizen und Strompreisen*. Berlin / Heidelberg: Springer, 2018, S. 2.

314 Unnerstall, S. 77.

315 »Erneuerbare Energien in Zahlen«, Umweltbundesamt: https://www.umweltbundesamt.de/themen/klima-energie/erneuerbare-energien/erneuerbare-energien-in-zahlen

316 »Wege zu einem klimaneutralen Energiesystem«, Fraunhofer-Institut für Solare Energiesysteme ISE, 2020, S. 22f.

317 »Emissionsvermeidung durch erneuerbare Energieträger«, Umweltbundesamt: https://www.umweltbundesamt.de/themen/klima-energie/erneuerbare-energien/emissionsvermeidung-durch-erneuerbare

318 »Liebes Deutschland, bitte lass die Kernkraftwerke am Netz«, *Die Welt*, 13. Oktober 2021.

319 Vohra, Karn et. al.: »Global mortality from outdoor fine particle pollution generated by fossil fuel combustion«, in: *Environmental Research*, April 2021.

320 Miller McDonald, Samuel: »Is Nuclear Power Our Best Bet Against Climate Change?«, *Boston Review*, 12. Oktober 2021.

321 Unnerstall, S. 38.

322 Miller McDonald.

323 Pinzler, Petra: »Atomkraft? Jein danke!«, *Die Zeit*, 3. November 2021, S. 217.

324 Siehe: https://twitter.com/danieldrepper/status/1019159478292418562

325 Gössling, Stefan und Andy Choi: »Transport transitions in Copenhagen: Comparing the cost of cars and bicycles«, in: *Ecological Economics*, 2015, S. 106–113.

326 Puls, Thomas: »Externe Kosten am Beispiel des deutschen Straßenverkehrs: Ökonomisches Konzept, politische Relevanz, praktische Möglichkeiten und Grenzen«, Institut der deutschen Wirtschaft, 2009, S. 52.

327 Scheck, Ester und Johannes Schürmann: »Die volkswirtschaftlichen Nutzen und Kosten verschiedener Verkehrsmittel durch externe Effekte: Berechnung für die Landeshauptstadt München«, MunichWays, 2019, S. 4.

328 Saighani, Assadollah: »Tool zur monetären Abschätzung der Wirkungen externer Effekte städtischer Verkehrssysteme«, Universität Kassel, 2018, S. 6.

329 Die von Transfermarkt.de geschätzten Marktwerte liegen zwischen 0,3 und 150 Millionen Euro: https://www.transfermarkt.de/bundesliga/gastarbeiter/wettbewerb/L1

330 »External Costs of Transport in Europe«, CE Delft, Infras, Fraunhofer ISI, im Auftrag des Internationalen Eisenbahnverbands UIC, Delft, November 2011, S. 31.

331 Puls, S. 80.

332 Gössling, S. 111.

333 Scheck, S. 4.

334 »Gesellschaftliche Kosten von Umweltbelastungen«, Umweltbundesamt: https://www.umweltbundesamt.de/daten/umwelt-wirtschaft/gesellschaftliche-kosten-von-umweltbelastungen

335 Kikstra, Jarmo et. al.: »The social cost of carbon dioxide under climate-economy feedbacks and temperature variability«, in: *Environmental Research Letters*, 6. September 2021.

336 »Hohes Vertrauen in die Wissenschaft, Skepsis gegenüber der Politik«, Robert Bosch Stiftung: https://www.bosch-stiftung.de/de/news/hohes-vertrauen-die-wissenschaft-skepsis-gegenueber-der-politik